HERMANN-MICHAEL HAHN

Basic

Sternbilder

MIT 102 KARTEN
einfach und sicher erkennen

KOSMOS

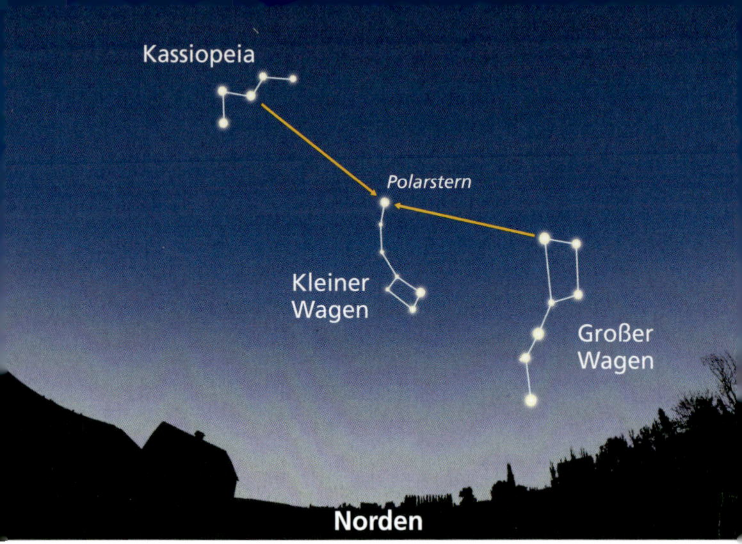

Der Große Wagen und die Kassiopeia sind gute Wegweiser, um den Polarstern aufzufinden und die Nordrichtung zu bestimmen.

→ **Orientierung** am Sternhimmel: das Auffinden und Erkennen einzelner Sternbilder erweist sich vor allem für Gelegenheitsbeobachter mitunter als schwierig, zumal sich der Anblick des Himmels im Laufe einer Nacht und im Wechsel der Jahreszeiten stetig verändert. Doch die Mühe lohnt sich, denn wer sich am Himmel auskennt, kann nicht nur die einzelnen Sternbilder auseinanderhalten, sondern auch Ungewohntes sofort erkennen: Einen Planeten, der langsam durch die Ekliptiksternbilder wandert, einen Satelliten, der rasch vorüberzieht, oder auch andere Himmelserscheinungen wie etwa Sternschnuppen, ein Polarlicht oder gar eine Mondfinsternis.
Es gibt verschiedene Methoden und Wege, sich die Orientierung am nächtlichen Himmel zu erleichtern. Handlich ist die Darstellungsweise, die in diesem Buch zum Einsatz kommt: Für jeden Monat finden Sie vier Karten, die den Anblick des Himmels in den vier Haupthimmelsrichtungen (Nord, Ost, Süd, West) wiedergeben, und zwar zum Monatsersten jeweils für 23 Uhr Mitteleuropäischer Zeit beziehungsweise zur Monatsmitte um 22 Uhr MEZ. Dabei gilt diese Zeitangabe genau für einen Ort auf 10 Grad öst-

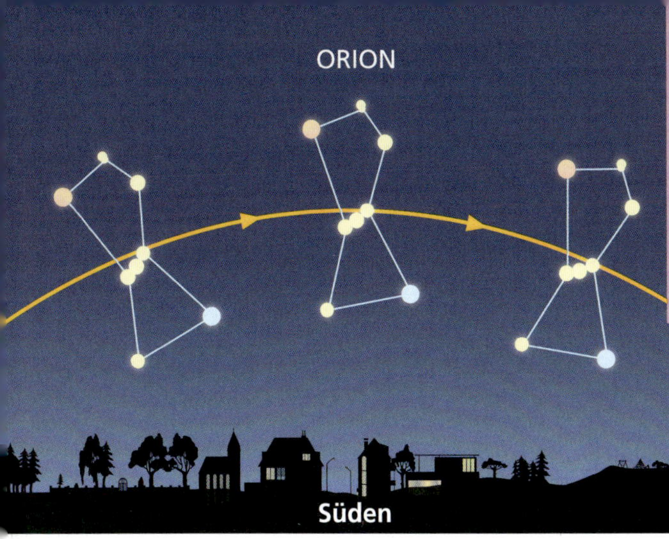

Jeden Monat bewegt sich der Sternhimmel – zur gleichen Uhrzeit beobachtet – scheinbar zwei Stunden »vorwärts«.

licher Länge – für jeden Längengrad weiter östlich müssen Sie vier Minuten hinzuzählen, weiter westlich entsprechend abziehen; zur groben Orientierung reicht es aber völlig, die genannte Zeit einzuhalten.
Da die Sterne – bedingt durch die Wanderung der Erde um die Sonne – jeden Tag etwa vier Minuten früher auf- und untergehen, verschiebt sich die »Gültigkeit« der gezeigten Himmelsausschnitte innerhalb von 15 Tagen um eine Stunde nach vorn, innerhalb eines Monats entsprechend um zwei Stunden. Auf den letzten Seiten des Buches finden Sie eine Tabelle, die Ihnen für jede volle Stunde einer Nacht die passenden Monatsausschnitte angibt; dort ist auch die Korrektur für die Sommerzeit berücksichtigt.

→ **Die Karten** der Sternbilder im zweiten Teil des Buches zeigen alle Sternbilder, die von Mitteleuropa aus zu sehen sind. Sie enthalten alle Sterne, die in einer mondscheinlosen Nacht fernab störender Großstadtlichter mit bloßem Auge erkannt werden können. Außerdem finden Sie auf den Karten einige helle »Nebel« (Sternhaufen, interstellare Gasnebel und Galaxien), die Sie mit einem lichtstarken Fernglas mühelos finden können sollten.

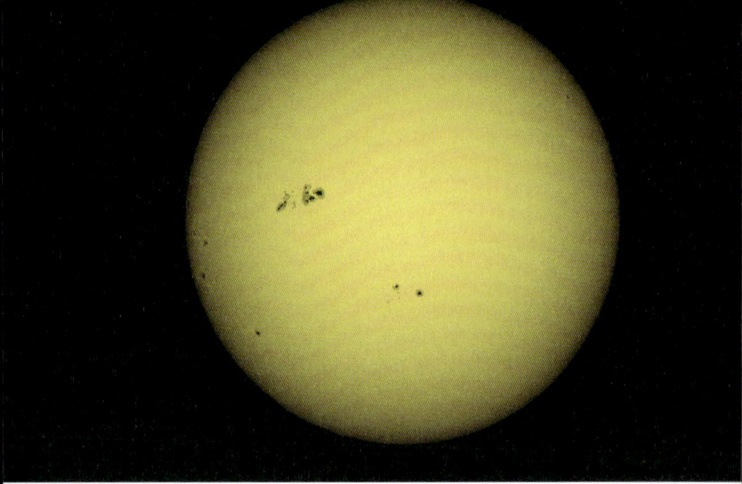

Die dunklen Gebiete auf der Sonne werden Sonnenflecken genannt. Ihre Anzahl schwankt in einem elfjährigen Rhythmus.

→ **Die Sonne,** Mittelpunkt des Planetensystems, ist der Stern »vor unserer Haustür«. Die riesige Kugel aus heißem Gas ist mehr als 100-mal so groß wie die Erde (1,4 Millionen km). Die Temperatur an der Oberfläche beträgt rund 5500 °C, im Zentrum steigt dieser Wert auf etwa 15 Millionen Grad. Im Inneren der Sonne wird beständig Wasserstoff in Helium umgewandelt. Die dabei freigesetzte Energie entweicht in den umgebenden Weltraum, als Licht und Wärme, aber auch als UV-Strahlung, die dem Leben auf der Erde gefährlich werden kann. Dunkle Flecken auf der Sonne sind sichtbarer Ausdruck der sogenannten Sonnenaktivität, die gelegentlich von gewaltigen Strahlungsausbrüchen an der Sonnenoberfläche begleitet wird. Solche Strahlungsausbrüche können auf der Erde Polarlichter anregen, die mitunter auch über Mitteleuropa zu sehen sind.
Besonders faszinierend ist die Beobachtung einer totalen Sonnenfinsternis, wenn sich der dunkle Mond vor die Sonne schiebt: Während der immer nur wenige Minuten dauernden totalen Verfinsterung kann man dann einen leuchtenden Strahlenkranz (die Korona) um die »schwarze Sonne« sehen. Auf die nächste totale Sonnenfinsternis über Deutschland muss man bis 2081 warten.

Die Mondoberfläche ist von dunklen »Mondmeeren« und unzähligen Kratern gezeichnet.

→ **Der Mond** als unser Nachbar im All umrundet die Erde alle 27,3 Tage in einer mittleren Entfernung von rund 384 000 Kilometern. Weil er kein eigenes Licht aussendet, sondern – wie die Erde – von der Sonne beleuchtet wird, sehen wir einen ständig wechselnden Anteil seiner von der Sonne beschienenen Tagseite: Bei Neumond, wenn der Mond zwischen Sonne und Erde steht, wendet er uns seine dunkle Nachtseite zu, bei Vollmond können wir die ganze Tagseite des Mondes überschauen. Die Zeit zwischen zwei Vollmonden ist länger als ein Mondumlauf: etwa 29,5 Tage. Schon mit bloßem Auge erkennt man auf der Mondoberfläche helle und dunkle Regionen, gebirgige Regionen bzw. ausgedehnte, von Lava bedeckte Landschaften. Um größere Krater zu erkennen, ist allerdings mindestens ein Fernglas erforderlich.

Im Rahmen des Apollo-Programms sammelten Astronauten zwischen 1969 und 1972 fast 400 kg Mondgestein, das nach ihrer Rückkehr auf der Erde untersucht wurde. Da die ältesten Mondgesteine – wie auch die auf der Erde gefundenen Meteoriten – vor rund 4,55 Milliarden Jahren erstarrten, gilt diese Zeitspanne als das gegenwärtige Alter des gesamten Sonnensystems.

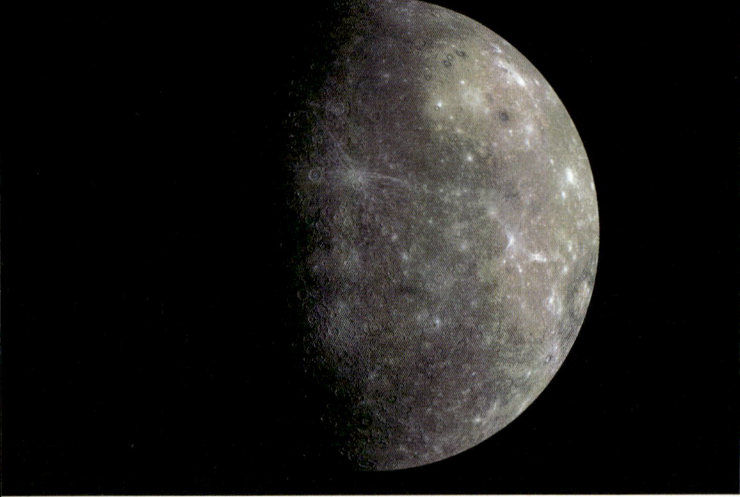

Merkur sieht auf den ersten Blick aus wie unser Mond, seine Oberfläche ist von Kratern übersät.

→ **Merkur** ist als sonnennächster Planet ein schwieriges Beobachtungsobjekt, weil er meist vom Glanz der Sonne überstrahlt wird und nur wenige Male pro Jahr für ein paar Tage oder Wochen am Abend- beziehungsweise Morgenhimmel auftaucht. Selbst bei einer solchen »größten Elongation« steht Merkur bei uns selten mehr als 20 Grad neben der Sonne und kann dann nur tief über dem Horizont am noch aufgehellten Dämmerungshimmel erspäht werden. Mit einem Durchmesser von rund 4880 Kilometern gehört Merkur zu den kleinen, erdähnlichen Planeten. Aufgrund der geringen Sonnenentfernung und der langsamen Rotation (ein »Merkurtag« dauert 176 irdische Tage) steigt die Temperatur tagsüber auf fast 430 °C und sinkt nachts auf unter -180 °C. Auf den Nahaufnahmen der Merkursonden Mariner 10 (1973–1975) und Messenger (2004–2015) sieht man viele Einschlagkrater, die dem Planeten ein mondähnliches Aussehen verleihen; große, von Lava bedeckte Ebenen suchten die Wissenschaftler dagegen vergebens. Von der Erde aus sind leider so gut wie keine Einzelheiten der Merkuroberfläche zu erkennen. Mit der Sonde BepiColombo startete im April 2018 die dritte Merkurmission. Sie soll 2025 in die Merkurumlaufbahn einschwenken.

Die dichte Atmosphäre der Venus besteht fast vollständig aus Kohlenstoffdioxid – entsprechend stark wirkt hier der Treibhauseffekt.

→ **Die Venus** ist nach Sonne und Mond das hellste Objekt am irdischen Himmel. Auch sie bewegt sich noch innerhalb der Erdbahn um die Sonne und ist daher immer nur in den Stunden nach Sonnenuntergang oder vor Sonnenaufgang als leuchtender Abend- oder Morgenstern zu finden.
Mit einem Durchmesser von rund 12 100 Kilometern ist die Venus nur wenig kleiner als die Erde. Für ihre große Helligkeit ist eine dichte Wolkenhülle verantwortlich, die rund drei Viertel des auftreffenden Sonnenlichts reflektiert. Dennoch sorgt das in der dichten Venusatmosphäre reichlich vorhandene Kohlenstoffdioxid mit seinem Treibhauseffekt dafür, dass die Temperatur an der Venusoberfläche Tag und Nacht ziemlich konstant bei etwa 475 °C liegt. Details auf der Venusoberfläche konnten wegen der undurchsichtigen Wolkendecke nur mithilfe von Radarsatelliten erfasst werden: zahlreiche Einschlagkrater, bis zu 8 Kilometer hoch aufragende Vulkane und drei Hochland-Regionen ähnlich den irdischen Kontinenten wurden auf diese Weise gefunden. Ob diese Vulkane noch aktiv sind, ließ sich anhand der Radardaten nicht erkennen, wohl aber, dass die Venusoberfläche vor rund 500 Millionen Jahren durch ergiebige Lavaströme neu gestaltet wurde.

Auf der Marsoberfläche könnte es in früheren Zeiten einmal größere Mengen an Wasser gegeben haben.

→ Mars hat mit seiner auffallend rötlichen Färbung immer wieder die Aufmerksamkeit der Himmelsbeobachter geweckt. Als äußerer Nachbar der Erde kann er sich unserem Planeten bis auf rund 56 Millionen Kilometer nähern und ist dann als strahlend helles Objekt die ganze Nacht über zu beobachten.

Mit einem Durchmesser von etwa 6800 Kilometern ist Mars deutlich kleiner als die Erde. Durch seine dünne Atmosphäre kann man mit einem Fernrohr einige Einzelheiten auf seiner Oberfläche erkennen. Darüber hinaus haben inzwischen viele Raumsonden detailreiche Nahaufnahmen aus der Marsumlaufbahn und von seiner Oberfläche zur Erde gefunkt. Auf ihnen sind neben zahlreichen Einschlagkratern und zum Teil riesigen Vulkankegeln auch tiefe Gräben und flussähnliche Strukturen zu erkennen. Das lässt annehmen, dass früher einmal größere Mengen flüssigen Wassers auf Mars existierten – Reste davon werden als Eis im Marsboden vermutet. Mars dreht sich in 24 Stunden und 37 Minuten einmal um seine Achse; diese steht ähnlich schief wie die Erdachse, und so gibt es auf Mars Jahreszeiten wie bei uns. Mars wird von zwei kleinen Monden (Phobos und Deimos) umrundet.

Der Komet C/2020 F3 (NEOWISE) konnte während des Sommers 2020 mit bloßem Auge beobachtet werden.

→ **Kometen und Asteroiden** sind Überreste aus der Frühphase des Sonnensystems, gleichsam Zeugen aus der »Gründerzeit«. Ihr unterschiedliches Aussehen verdanken sie ihrem jeweiligen Entstehungsort und der verschiedenartigen Zusammensetzung: Asteroiden entstanden näher bei der Sonne, Kometen jenseits der Bahnen von Jupiter und Saturn.

Kometen fallen durch ein nebelhaftes Erscheinungsbild und die gelegentlich markanten Schweifstrukturen auf. Die eigentlichen Kometenkerne bestehen aus Staub und gefrorenen Gasen (Eis) und sind meist nur wenige Kilometer groß. Wenn sie in Sonnennähe kommen, verdampft das Eis und reißt Staubteilchen mit, wobei beide Bestandteile zu zwei getrennten Schweifen geformt werden.

Die ersten Asteroiden wurden Anfang des 19. Jahrhunderts zwischen der Mars- und Jupiterbahn gefunden; inzwischen kennt man solche mehr oder minder großen Gesteinsbrocken nahezu überall im Sonnensystem. Etliche kreuzen die Erdbahn, andere pendeln zwischen den Bahnen von Jupiter und Neptun hin und her, und wieder andere umrunden die Sonne noch außerhalb der Neptunbahn – sie werden folgerichtig als Trans-Neptun-Objekte (TNOs) bezeichnet.

Jupiters Bild wird von farbenprächtigen Wolkenbändern und dem prominenten »Großen Roten Fleck« geprägt.

→ **Jupiter** ist der größte und massereichste Planet im Sonnensystem (Durchmesser rund 143 000 km) und erscheint meist als zweithellster Planet (nach der Venus). Für einen Umlauf um die Sonne benötigt Jupiter etwa zwölf Jahre.
Er besitzt keine feste Oberfläche, sondern zeigt uns eine turbulente Atmosphäre, in der heftige Stürme ausgedehnte Wolkenfelder umhertreiben. Schon in einem Amateurfernrohr ist das parallele Streifenmuster der hellen und dunklen Wolken zu erkennen, ebenso der Große Rote Fleck, ein gewaltiger Wirbelsturm von mehreren Zehntausend Kilometern Längsausdehnung – und natürlich der stetig wechselnde Anblick der vier großen Jupitermonde, die 1610 unter anderem von Galileo Galilei entdeckt wurden.
Auf Io, dem innersten von ihnen, wurden mehr als 100 Vulkane gefunden. Unter den in vielfältiger Weise gebrochenen Eisschollen auf Europa vermuten die Forscher einen mehrere Kilometer tiefen Ozean, in dem sogar primitive Lebensformen existieren könnten. Ganymed als der größte Mond im Sonnensystem sowie Kallisto, sein äußerer Nachbarmond, verfügen über ein eigenes Magnetfeld. Daneben kennt man inzwischen mehr als 75 kleinere Jupitermonde sowie ein System aus dünnen Staubringen.

Der Ringplanet Saturn in einer Aufnahme des Hubble-Weltraumteleskops aus dem Jahr 2021.

→ Saturn ist gleichsam der kleinere Bruder von Jupiter und zählt wie dieser zu den Gasriesen. Obwohl nicht viel kleiner als jener (Durchmesser etwa 120 000 km), besitzt er nicht einmal ein Drittel von dessen Masse – die Materie in seinem Inneren muss also wesentlich weniger dicht gepresst sein als beim großen Bruder. Auf einem genügend großen Ozean würde Saturn als einziger Planet schwimmen wie ein Eisberg! Einzelheiten in der Saturnatmosphäre sind nur selten zu erkennen, da eine Dunstschicht den Blick auf tiefergelegene Wolken trübt. Wie zum Ausgleich ist er von einem auffälligen Ringsystem umgeben, das mit mehr als 30-facher Vergrößerung als solches zu erkennen ist. Ihr Anblick verändert sich im Laufe eines Saturnjahres (etwa 30 Erdenjahre) von einer weiten Öffnung nach Süden über die Kantenstellung zu einer weiten Öffnung nach Norden und zurück. Darüber hinaus erkennt man in der Umgebung des Planeten bis zu fünf seiner größeren Monde.
Titan, der größte Saturnmond (Durchmesser: 5150 km) verfügt sogar über eine eigene, dichte Atmosphäre aus Stickstoff und Methan. Die übrigen Saturnmonde sind allesamt kleiner als 1600 Kilometer und bestehen zu jeweils einem großen Teil aus Eis.

Die Gasplaneten Uranus (oben) und Neptun wurden 1986 bzw. 1989 von der Raumsonde Voyager 2 besucht.

→ **Uranus, Neptun und Pluto** wurden erst nach der Erfindung des Fernrohrs entdeckt. Wegen ihrer großen Entfernung reflektieren sie so wenig Sonnenlicht, dass sie für eine Beobachtung mit bloßem Auge kaum hell genug sind. Uranus ist etwa doppelt so weit von der Sonne entfernt wie Saturn, Neptun mehr als dreimal so weit, und Pluto kann auf seiner ziemlich elliptischen Bahn sogar gut fünfmal so weit von der Sonne abrücken wie Saturn. Uranus und Neptun erreichen mit jeweils rund 50 000 Kilometern nur gut zwei Fünftel des Saturndurchmessers, während Pluto mit etwa 2300 Kilometern das bei weitem kleinste Mitglied der Planetenfamilie ist und daher seit 2006 als Zwergplanet eingestuft wird.
Aufgrund ihrer großen Sonnenabstände brauchen sie auch viel länger für einen Umlauf um die Sonne: Uranus schafft die Runde in 84 Jahren, Neptun benötigt 165 Jahre und Pluto sogar fast 248 Jahre. Im Fernrohr erscheinen Uranus und Neptun als winzige, grünlichblaue Scheibchen, während der kleine Pluto selbst bei stärkerer Vergrößerung nur als lichtschwacher Lichtpunkt gesehen werden kann. Seine Bahn ist außerdem mit rund 17 Grad auffallend stark gegen die Bahnebene der Erde (die Ekliptik) geneigt.

Zwergplanet Pluto (oben) und dessen Mond Charon wurden im Juli 2015 erstmals von einer Raumsonde aus der Nähe erforscht.

Uranus und Neptun wurden 1986 beziehungsweise 1989 von der amerikanischen Raumsonde Voyager 2 besucht und – ebenso wie ihre Monde und Ringe – erstmals aus der Nähe erkundet. Dabei mussten die Forscher überrascht feststellen, dass die Atmosphäre von Neptun trotz des größeren Sonnenabstands wesentlich mehr turbulente Strömungen und daraus resultierende Wolkenformationen aufwies als die von Uranus. Offenbar ist Uranus in seinem Inneren schon stärker abgekühlt als Neptun oder auch die übrigen Gasriesen Jupiter und Saturn. Möglicherweise steht diese stärkere Abkühlung mit einem vermuteten Kollisionsereignis in Zusammenhang, das von manchen Planetenforschern zur Erklärung der beachtlichen Schieflage der Uranus-Drehachse ins Feld geführt wird.

Mit der Raumsonde New Horizons startete 2006 die erste Mission zum Zwergplaneten Pluto. Nach einer Passage bei Jupiter flog sie am 14. Juli 2015 an Pluto und dessen Mond Charon vorbei. Ihre Aufnahmen zeigen zum ersten Mal detailreiche Bilder der zwei fernen Himmelskörper mit vielen überraschenden Oberflächenmerkmalen. New Horizons dringt seitdem weiter in den Raum der Kuiper-Gürtel-Objekte vor und soll dort weitere Kleinplaneten erforschen.

Sternschnuppen sind leuchtende Spuren in der Atmosphäre, die von Staubkörnchen aus dem All erzeugt werden.

Meteore und Meteoriten sind Zerfallsprodukte von Kometen beziehungsweise Trümmer von Asteroiden. Meteore (Sternschnuppen) können in jeder sternklaren Nacht beobachtet werden – sie blitzen plötzlich auf und ziehen dabei eine mehr oder minder lange Bahn über den Himmel. Ursache für diese Leuchterscheinung ist ein winziges, kaum stecknadelkopfgroßes Staubkorn, das mit hoher Geschwindigkeit (15–70 Kilometer pro Sekunde!) von außen auf die Erdatmosphäre prallt, dadurch plötzlich abgebremst wird und durch die Reibungshitze verglüht. Leuchten sieht man allerdings nur den durchflogenen Luftkanal, nicht das Staubkorn selbst.

Mitunter – zum Beispiel um den 12. August oder Mitte Dezember – kreuzt die Erde die Bahn eines Kometen und durchquert dann eine regelrechte Staubwolke aus Auflösungsprodukten. Dann können Dutzende, in Ausnahmefällen auch viele hundert Meteore pro Stunde aufleuchten, die nach dem Sternbild benannt werden, aus dem sie zu fallen scheinen. Die Sternschnuppen im August sind als Perseiden (nach dem Sternbild Perseus) bekannt, die Geminiden im Dezember entspringen scheinbar dem Sternbild Zwillinge.

Meteoriten sind die Reste von extrem hellen Sternschnuppen, wie der 1,75 kg schwere Brocken Neuschwanstein eindrucksvoll unter Beweis stellt.

Größere Brocken können die Atmosphäre auch weitgehend unbeschadet durchschlagen und stürzen dann als Meteorite auf die Erde. Solche – je nach ihrer Zusammensetzung als Stein- oder Eisenmeteorit bezeichneten – kosmischen »Bomben« werden nach ihrem Fundort benannt. Hat man ihre grelle Leuchtspur beim Sturz durch die Atmosphäre verfolgt, kann man sogar die Herkunft ermitteln. So stammt zum Beispiel der im Jahr 2002 über dem Allgäu niedergegangene Steinmeteorit »Neuschwanstein« aus dem Asteroidengürtel.

Vor rund 15 Millionen Jahren schlugen zwei größere Brocken von etwa 200 Meter beziehungsweise gut einem Kilometer Durchmesser im Bereich der Schwäbischen Alb auf die Erde und hinterließen das 3,8 Kilometer große Steinheimer Becken und das etwa 24 Kilometer große Nördlinger Ries. Einschläge von Objekten größer als 10 Kilometer dürften schon Krater von mehreren 100 Kilometern Durchmesser hinterlassen und globale Auswirkungen haben; sie werden für gelegentliche Massensterben in der Erdgeschichte verantwortlich gemacht, kommen aber zum Glück nicht allzu oft vor.

Das Sternbild Skorpion befindet sich im Band der Milchstraße. Sein hellster Stern Antares ist ein rötlicher Überriese.

→ **Die Sterne** sind – wie die Sonne – leuchtende Gaskugeln, die ihre Energie aus der Umwandlung von Wasserstoff in Helium beziehen. Wegen ihrer im Vergleich zur Sonne riesigen Entfernung erscheinen sie allerdings selbst in großen Teleskopen nur als bloße Lichtpunkte.

Sterne entstehen aus kalten Gas- und Staubwolken, die sich aufgrund äußerer Einwirkungen verdichten; dieser Prozess dauert je nach Sternmasse einige Hunderttausend bis Millionen Jahre. Die masseärmsten bekannten Sterne vereinen etwa acht bis zehn Prozent der Masse unserer Sonne in sich, die massereichsten mehr als hundert Sonnenmassen. Auch die Lebenserwartung und das Ende eines Sterns werden von seiner Masse bestimmt: Massereiche Sterne »altern« innerhalb weniger Millionen Jahre, massearme Sterne bringen es dagegen auf etliche zehn bis hundert Milliarden Jahre. Massereiche Sterne treten als sogenannte Supernova mit einem gewaltigen Energieblitz von der kosmischen Bühne ab und lassen bizarre Neutronensterne oder Schwarze Löcher zurück, massearme Sterne schrumpfen dagegen am Ende zu weißen Zwergsternen.

Albireo, der Kopfstern im Sternbild Schwan, entpuppt sich im Teleskop als Doppelstern mit auffälligem Farbkontrast.

→ **Doppelsterne** sind zumeist eng benachbart erscheinende Sternpaare, die entweder nur in der gleichen Blickrichtung stehen, aber unterschiedlich weit von uns entfernt sind (optische Doppelsterne), oder die auch räumlich zusammengehören und sich gegenseitig umlaufen (physische Doppelsterne). Ihr Abstand voneinander wird in Bogensekunden angegeben: 1 Bogensekunde = 1/3600 Grad (der Mond erscheint am Himmel als Objekt mit einem Winkeldurchmesser von etwa 1800 Bogensekunden oder 0,5 Grad).
Mit bloßem Auge kann man Doppelsterne »trennen«, deren Partner mehr als 120 Bogensekunden entfernt sind; wenn die beiden Sterne sehr verschieden hell sind, muss der gegenseitige Abstand deutlich größer sein.
Bei manchen (physischen) Doppelsternen blicken wir genau auf die Kante der gegenseitigen Umlaufbahnen, und dann kommt es zu wechselseitigen Sternverfinsterungen, die sich als regelmäßig auftretende Helligkeitsänderungen bemerkbar machen; andere (»spektroskopische«) Doppelsterne stehen so eng beisammen, dass sie nicht einmal in einem großen Fernrohr getrennt erscheinen.

Der bekannteste offene Sternhaufen sind die 440 Lichtjahre entfernten Plejaden, auch Siebengestirn genannt.

→ **Offene Sternhaufen** sind mehr oder minder dichte Gruppierungen von bis zu einigen hundert Sternen, die räumlich zwar zusammengehören, untereinander aber weniger stark verbunden sind als Doppel- oder Mehrfachsterne. Die Mitglieder eines Sternhaufens sind in der Regel etwa zeitgleich entstanden. Mit bloßem Auge sind nur wenige Sternhaufen deutlich zu erkennen (z.B. die Plejaden – das Siebengestirn – und die Hyaden – das Regengestirn – im Sternbild Stier), andere erscheinen als verschwommene, nebelhafte Sterne (h und chi im Perseus). Im Fernglas sieht man zumeist nur einige Einzelsterne vor einem verwaschen erscheinenden Nebelhintergrund. **Kugelförmige Sternhaufen** sind wesentlich kompaktere Ansammlungen von vielen zehntausend bis zu einigen hunderttausend Sternen. Im Fernglas sind sie lediglich als verwaschene Nebelflecken zu erkennen, während ein Fernrohr bei starker Vergrößerung zumindest in den Randpartien einzelne Sterne vor nebligem Hintergrund zeigt. Trotzdem täuscht der Eindruck, den Fotos von der Sterndichte innerhalb der kugelförmigen Sternhaufen vermitteln – selbst im Zentrum stehen die Sterne allenfalls einige Dutzendmal näher zusammen als in der Umgebung der Sonne, sind also immer noch weit voneinander entfernt.

Im Inneren des Orionnebels finden sich viele junge Sterne, die das sie umgebende Gas zum Leuchten anregen.

→ **Die Gas- und Staubnebel** enthalten interstellare Materie und bilden das Reservoir, aus dem heute noch – mehr als 13 Milliarden Jahre nach der mutmaßlichen Entstehung des Universums im Urknall – neue Sterne entstehen. Bekanntes Beispiel ist der Orionnebel im gleichnamigen Sternbild, der durch bereits fertige Sterne zum Leuchten angeregt wird. Wenn keine hellen oder heißen Sterne in der Nähe stehen, bleiben die Gas- und Staubwolken kalt und verschlucken das Licht dahinterliegender Regionen, sodass sie sich als Dunkelwolken vor einem hellen Hintergrund abzeichnen. Neben diesen interstellaren Gas- und Staubwolken gibt es auch zirkumstellare Nebel, die vorzugsweise alte Sterne oder solche Gebilde einhüllen, die bereits eines der verschiedenen Endstadien der Sternentwicklung erreicht haben. Sie werden – historisch bedingt – mit dem irreführenden Begriff »planetarischer Nebel« bezeichnet, weil sie in den bescheidenen Teleskopen des 18. und frühen 19. Jahrhunderts eine gewisse Ähnlichkeit zu den damals neu entdeckten Planeten Uranus und Neptun zeigten. Die dort abströmende Sternmaterie vermischt sich im Laufe der Zeit gleichsam als »stellares Erbe« mit vorhandenen interstellaren Gaswolken und wird dann in neue Sterne eingebaut.

In den Sommermonaten bietet die Milchstraße einen besonders prächtigen und von Dunkelwolken durchzogenen Anblick.

9 → **Die Milchstraße** nennen wir das schimmernde Band, das sich für Betrachter an einem dunklen Standort über den Himmel spannt. Sie ist der sichtbare Ausschnitt eines gigantischen Sternsystems (der Galaxis), das neben unserer Sonne und den mit bloßem Auge erkennbaren »Nachbarsternen« insgesamt mehrere 100 Milliarden Sterne umfasst. Da wir mit der Sonne Teil dieser Galaxis sind, ist eine genaue Bestimmung von Größe und Form des Systems und unserer Position innerhalb dieser Sternansammlung nicht einfach. Die Astronomen gehen davon aus, dass unsere Galaxis von außen betrachtet wie eine flache Scheibe mit einer zentralen Verdickung erscheint und einen Durchmesser von etwa 100 000 Lichtjahren aufweist. Innerhalb dieser galaktischen Scheibe vermuten sie eine typische Spiralstruktur, die sich vor allem durch eine entlang der Spiralarme deutlich höhere Konzentration von Sternentstehungsregionen und heißen, jungen Sternen zu erkennen gibt. Unsere Sonne befindet sich etwa 27 000 Lichtjahre vom galaktischen Zentrum entfernt nahe der Innenseite eines Spiralarmes. Mit ihr umkreist das Sonnensystem das Zentrum unserer Galaxis einmal alle 230 Millionen Jahre.

Die Andromedagalaxie ist unsere nächste große Nachbargalaxie und gleicht in Aufbau und Form der Milchstraße.

→ **Galaxien** (Einzahl: Galaxie) sind, wie etwa um 1925 deutlich wurde, eigenständige Sternsysteme (»Welteninseln«) jenseits unserer Galaxis. Mit bloßem Auge ist auf der Nordhalbkugel der Erde lediglich der Andromedanebel als nächste große Nachbargalaxie in rund 2,5 Millionen Lichtjahren Entfernung zu erkennen, auf der Südhalbkugel der Erde findet man die beiden Magellanschen Wolken als kleinere Satellitengalaxien in etwa 163 000 beziehungsweise 205 000 Lichtjahren Distanz. Mit einem Fernglas kann man einige weitere Objekte als Nebelflecken sehen, aber auch größere Amateurfernrohre können bei Galaxien keine Einzelsterne zeigen.
Die auf lang belichteten Himmelsaufnahmen erkennbare Formenvielfalt der Galaxien reicht von völlig strukturlosen elliptischen Galaxien über Spiralgalaxien und sogenannte Balkenspiralen bis zu unregelmäßig geformten Systemen. Galaxien stehen oft in kleineren Gruppen zusammen oder bilden große Galaxienhaufen, die viele Tausend Mitglieder umfassen können. Unsere Milchstraße bildet mit der Andromedagalaxie und etwa 30 anderen, meist kleineren Galaxien die »Lokale Gruppe«.

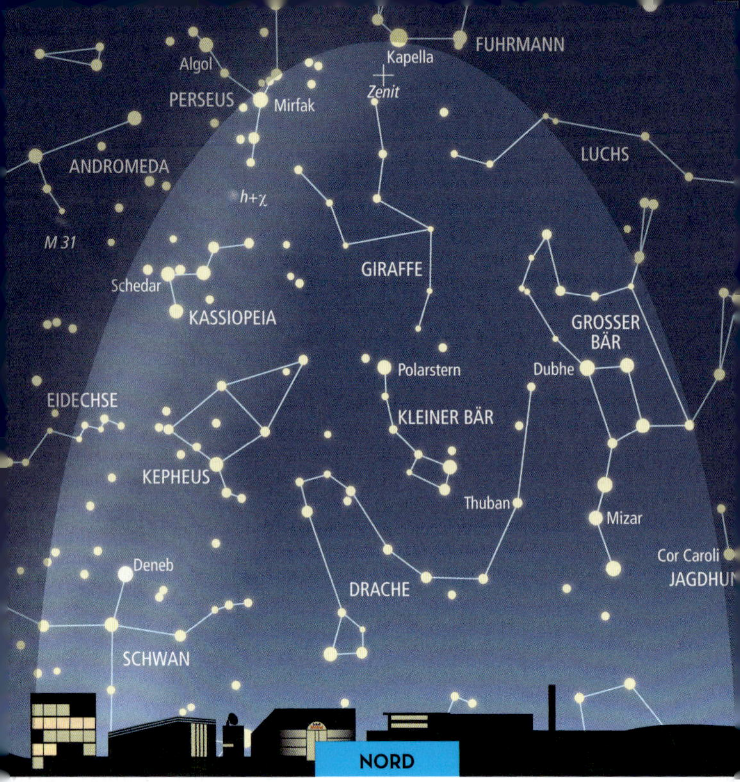

Hoch am Himmel findet man zwischen Polarstern und Zenit nur die lichtschwachen Sterne der Giraffe.

Halbhoch im NW sinkt das Himmels-W Kassiopeia langsam herab; ihr voran zieht Kepheus, ihr Gemahl. Auf gleicher Höhe rechts davon hängt der Kleine Bär/Kleine Wagen gleichsam vom Polarstern zum Horizont herab. Im NO schließlich steigt der Große Bär empor; seine sieben hellsten Sterne formen den Großen Wagen, das wohl bekannteste »Sternbild« der Nordhalbkugel.

Horizontnah verabschiedet sich der Schwan mit Deneb im NW. Rechts davon kann man den Kopf des Drachen als kleines Sternviereck erkennen; der langgezogene Drachenkörper windet sich als Kette lichtschwacher Sterne von dort zunächst nach Norden und schlängelt sich dann nach Osten um den Kleinen Bären herum.

Die Milchstraße ragt im NW auf.

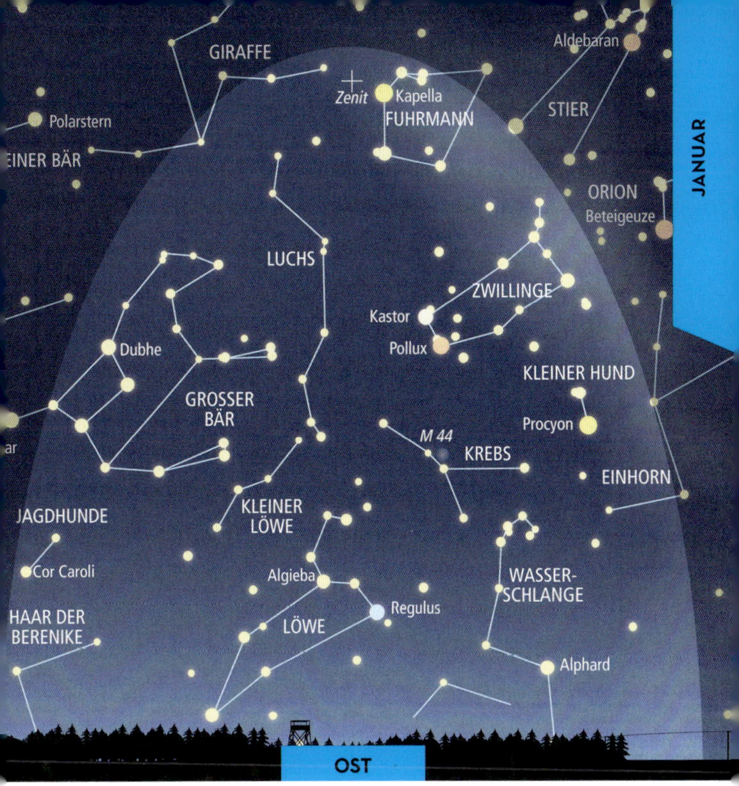

Hoch am Himmel leuchtet die helle Kapella, der Hauptstern im Fuhrmann, dessen fünfeckigen Umriss man leicht erkennen kann.

Halbhoch erscheinen die Zwillinge als doppelte Sternenkette mit Kastor und Pollux am linken Ende. Darunter lenkt Procyon im Kleinen Hund die Blicke auf sich, während der Krebs wenig auffällig ist. Zwischen ihm und dem Großen Bären im NO erstreckt sich der Luchs mit seinen lichtschwachen Sternen.

Horizontnah kündet der aufgehende Löwe mit seinem Hauptstern Regulus, dem »kleinen König«, bereits das nahe Frühjahr an; die Silhouette des Löwenkopfes erscheint wie eine Sichel. Weiter rechts ragen Hals und Kopf der unscheinbaren Wasserschlange über den Horizont.

Die Milchstraße verläuft vom Zenit, dem Scheitelpunkt des Himmels, bis herunter zum SO-Horizont.

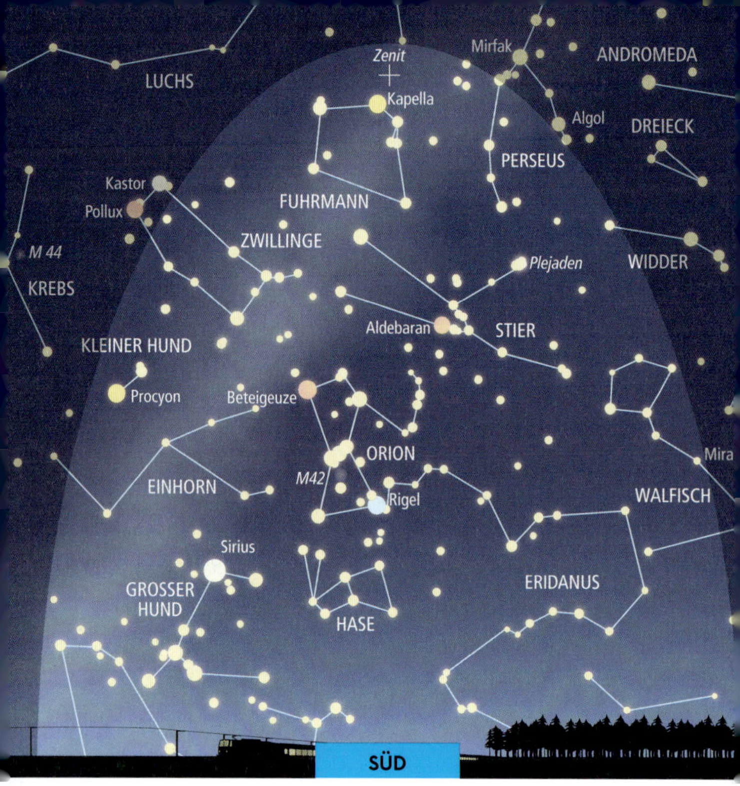

Hoch am Himmel findet man nahe dem Zenit den Fuhrmann mit der hellen Kapella und rechts davon die Ausläufer des Perseus. Kapella bildet den nördlichsten Eckpunkt des großen Wintersechsecks. Die übrigen Ecken werden von Aldebaran im Stier, Rigel im Orion, Sirius im Großen Hund, Procyon im Kleinen Hund und Pollux in den Zwillingen markiert.
Halbhoch erreicht der Himmelsjäger Orion mit seinen markanten Gürtelsternen gerade die Nord-Süd-Linie. Rechts darüber steht der Stier mit dem rötlichen Aldebaran und den Plejaden, von links folgen die Zwillinge.
Horizontnah kauert unterhalb vom Orion der Hase, der sich vor dem nachfolgenden Großen Hund versteckt. Weiter rechts windet sich der Fluss Eridanus Richtung Horizont.
Die Milchstraße ragt im SO steil empor.

Hoch am Himmel trifft man auf die Sterne des Perseus, der nach einer griechischen Sage die Andromeda vor dem wütenden Meeresungeheuer in Gestalt des Walfisches gerettet hat. Nahe der Grenze zur benachbarten Kassiopeia schimmert der doppelte Sternhaufen h und chi im Perseus.
Halbhoch reihen sich von links nach rechts der Widder, das Dreieck, die Andromeda und ihre Mutter Kassiopeia auf. Fernab der störenden Großstadtlichter erkennt man vielleicht mit einem Fernglas auch den verwaschenen Lichtfleck des Andromedanebels M 31.
Horizontnah neigen sich Walfisch, Fische und das geflügelte Ross Pegasus sowie die Eidechse dem Untergang zu.
Die Milchstraße verläuft vom Perseus durch die Kassiopeia und den Schwan zum NW-Horizont.

Hoch am Himmel stehen Luchs und Giraffe, die keine hellen Sterne enthalten.

Halbhoch findet man im NW das von den Sternen der Kassiopeia geformte Himmels-W und im NO die Sterne des Großen Wagens, die Teil des Sternbilds Großer Bär sind. Beide auffälligen Figuren können als Wegweiser zum Polarstern im Kleinen Bären genutzt werden, der etwa auf halber Strecke zwischen ihnen liegt.

Horizontnah hat der Kopf des Drachen seine Tiefststellung passiert. Der Drache gehört bei uns zu den Zirkumpolarsternbildern, die niemals untergehen. Ihm folgen im NW die Reste des Schwans, Kepheus und die Eidechse, während der Rinderhirte im NO schon wieder emporsteigt.

Die Milchstraße bietet für Fernglasbeobachter im NW noch einige Sternhaufen und Nebel.

Hoch am Himmel füllt der Luchs eine an hellen Sternen arme Region; um dieses Sternbild zu erkennen, braucht man Luchsaugen.

Halbhoch leuchten die Sterne des Großen Wagens, die den auffälligeren Teil des Großen Bären bilden. Die aufrecht sitzende Gestalt des Bären kann man jetzt im NO gut erkennen. Rechts darunter steigen der Kleine Löwe und der (große) Löwe empor; sie folgen dem Krebs, der schon nach SO vorangeeilt ist.

Horizontnah findet man links den Rinderhirten, der die Jagdhunde vor sich hertreibt. Die geschwungene Deichsel des Großen Wagens zeigt auf Arktur, den Hauptstern des Rinderhirten. Weiter rechts steigen das Haar der Berenike und die ausgebreiteten Arme der Jungfrau empor; unter dem Krebs ragt der lange Hals der Wasserschlange schon hoch hinauf, begleitet von Sextant und Becher.

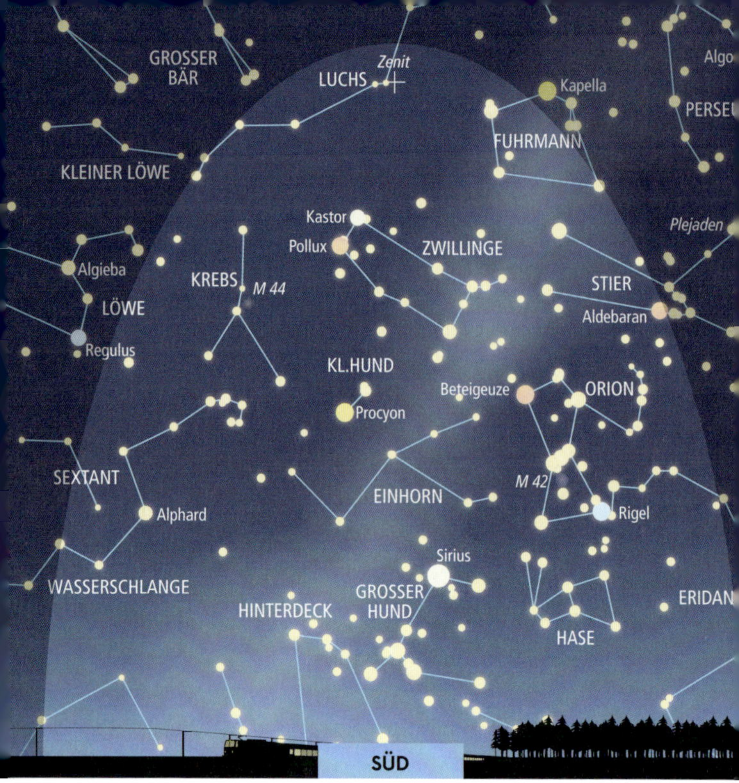

Hoch am Himmel passieren die Zwillinge ihre Höchststellung. Darüber versteckt sich der Luchs. Von links folgt der Krebs, während rechts der Stier mit dem rötlichen Aldebaran schon deutlich an Höhe verloren hat.

Halbhoch lenkt der Himmelsjäger Orion mit fünf Sternen der nullten und ersten Größenklasse die Blicke auf sich. Am hellsten strahlt Rigel, der rechte Fußstern, etwas blasser erscheint Beteigeuze an der linken Schulter. Nach links schließen sich das Einhorn und der Kleine Hund mit Procyon an, gefolgt von der Wasserschlange.

Horizontnah funkelt Sirius im Großen Hund, der dem Hasen nachzustellen scheint. Links daneben ragen Teile vom Hinterdeck des Schiffes auf, einem Sternbild am Südhimmel.

Die Milchstraße ist bei uns in dieser Region wenig auffällig.

Hoch am Himmel trifft der Blick auf die helle Kapella, den Hauptstern im Fuhrmann. Rechts davon beginnt die an hellen Sternen arme Figur der Giraffe.

Halbhoch bilden der Stier, der Perseus und die Kassiopeia einen breiten Riegel mit vergleichsweise hellen Sternen, der sich in Gestalt der Andromeda Richtung Horizont fortsetzt. Dagegen sind Widder und Dreieck unterhalb des Perseus eher unscheinbar.

Horizontnah konzentriert sich im SW das »Feuchtbiotop« des Himmels, das jetzt noch den Fluss Eridanus, den Walfisch und die Fische umschließt (Wassermann und Südlicher Fisch sind bereits untergegangen). Weiter rechts ist das große Pegasus-Viereck schon nicht mehr vollständig zu sehen.

Die Milchstraße verläuft von links oben nach rechts durch diesen Himmelsausschnitt.

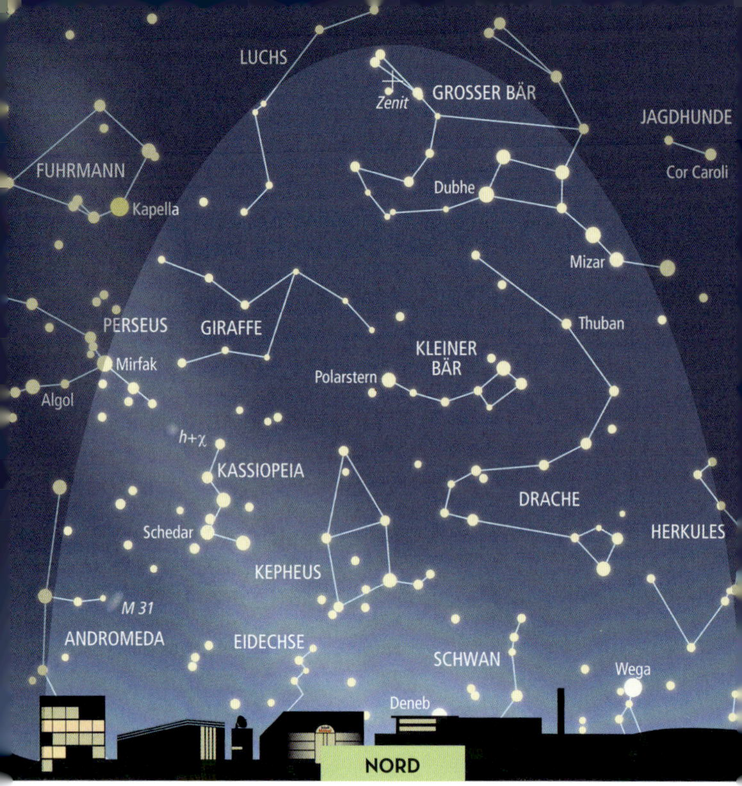

Hoch am Himmel scheint der Große Bär/Große Wagen im NO nach dem Luchs im NW zu schnappen. Darunter erstrecken sich von links nach rechts der Perseus, die Giraffe und der Kleine Bär.

Halbhoch strebt der Kepheus seiner Tiefststellung (der unteren Kulmination) entgegen; als Zirkumpolarsternbild geht er bei uns nie völlig unter. In seinem Gefolge befindet sich die Kassiopeia, die jetzt wie ein ziemlich krakelig geschriebenes »E« erscheint. Rechts vom Kepheus lenkt der gewundene Rumpf des Drachen den Blick auf den Kleinen Bären mit dem Polarstern und den Großen Bären/Großen Wagen hoch im NO.

Horizontnah wehren sich Eidechse und Schwan erfolgreich gegen den vollständigen Untergang, während im NO der Herkules bereits wieder den Aufstieg beginnt.

Die Milchstraße bleibt im N und NW wenig auffällig.

Hoch am Himmel steigt der Große Bär/Große Wagen immer weiter empor und mit ihm der Kleine Löwe und der Löwe, der schon zum Sprung an den Südhimmel ansetzt.

Halbhoch findet man rechts vom Schwanz des Großen Bären die unscheinbaren Jagdhunde und das ebenso unauffällige Sternbild Haar der Berenike. Folgt man dem gebogenen Schwanz (der Deichsel des Großen Wagens) nach unten, gelangt man zu Arktur, dem orangerötlichen Hauptstern des Rinderhirten und hellsten Stern nördlich des Himmelsäquators.

Horizontnah steigt links der Sternenhalbkreis der Nördlichen Krone empor, gefolgt vom Herkules, während im SO das Sternbild Jungfrau schon fast vollständig aufgegangen ist; ihr Hauptstern Spica, der dritte Eckpunkt des »Frühlingsdreiecks«, leuchtet bläulich-weiß.

Hoch am Himmel verlangen der Luchs und der Kleine Löwe zur Beobachtung einen dunklen Standort.

Halbhoch spannt sich eine Kette von Tierkreis-Sternbildern über den Südbereich – von den Zwillingen im SW über den Krebs im S bis zum Löwen im SO. Nahe dem Punkt, wo die drei »Äste« vom Krebs zusammentreffen, schimmert matt der Sternhaufen der Praesepe (M 44). In einer zweiten Reihe findet man das unscheinbare Einhorn, den Kleinen Hund mit Procyon und den Kopf der Wasserschlange.

Horizontnah kann man den Rumpf der Wasserschlange nach SO verfolgen und nach Sextant und Becher Ausschau halten. Weiter westlich steuert der Große Hund mit Sirius, dem hellsten Stern am irdischen Firmament, dem baldigen Untergang entgegen.

Die Milchstraße steigt vom Südpunkt nach NW auf.

Hoch am Himmel fallen die lichtschwachen Sterne des Luchses und der Giraffe kaum auf.
Halbhoch beherrscht das markante Fünfeck des Fuhrmanns mit der hellen Kapella die Szene. Nach rechts schließt sich die markante Wünschelrute des Perseus an, links findet man die beiden Sternketten der Zwillinge. Darunter bereiten sich die ersten Wintersternbilder auf den Abschied von der Himmelsbühne vor: der Stier mit Aldebaran im W und der Orion mit Rigel und Beteigeuze im SW.
Horizontnah tauchen mit dem Fluss Eridanus, dem Widder und dem Dreieck weitere Herbststernbilder unter den Horizont, und auch den Hasen wird man dort nicht mehr lange finden. Allenfalls die Andromeda bleibt noch eine Zeitlang am Himmel zu sehen.
Die Milchstraße verläuft quer über den Westhimmel.

Hoch am Himmel passiert der Große Bär/Große Wagen seine Höchststellung und füllt den Platz zwischen Zenit und Polarstern.

Halbhoch findet man im NW die Giraffe und im NO den gewundenen Rumpf des Drachen. Zwischen beiden leuchtet der Polarstern, von dem aus der Kleine Bär sich nach NO erstreckt.

Horizontnah drängen sich die letzten Herbststernbilder: Kepheus und Eidechse durchlaufen ihre Tiefststellung im N, die Kassiopeia wird immer deutlicher zum Himmels-»W«, und der Perseus taucht allmählich in die horizontnahe Dunstschicht ein. Andromeda und das Dreieck schließlich werden bald vollständig untergegangen sein. Dagegen steigt im NO der Schwan mit dem hellen Deneb bereits wieder empor.

Die Milchstraße verläuft flach über dem Horizont.

Hoch am Himmel hängt der Schwanz des Großen Bären nahezu senkrecht herab; dadurch scheint die Teilfigur des Großen Wagens jetzt auf der (abgeknickt erscheinenden) Wagendeichsel zu stehen. Rechts daneben findet man die kleinen Jagdhunde und das blasse Haar der Berenike.
Halbhoch leuchtet der orangerötliche Arktur im Rinderhirten; die mächtige Gestalt erstreckt sich von Arktur aus horizontal nach links. Ihre »Spitze« weist in Richtung Drache, der sich im Nordosten bis auf die Höhe des Großen Wagens emporwindet.
Horizontnah kann man neben der hellen Wega (links) im Sternbild Leier den Herkules und das Halbrund der Nördlichen Krone erkennen, rechts darunter den Kopf der Schlange sowie nach SO Sterne der Jungfrau und der Waage.

Hoch am Himmel ragen die Pranken des Großen Bären bis fast an den Scheitelpunkt oder Zenit heran. Darunter kauert der Kleine Löwe, dessen lichtschwache Sterne allerdings nicht sehr auffällig sind.

Halbhoch beherrscht der mächtige Löwe die Szene. Sein Hauptstern Regulus liegt fast auf der Ekliptik – an dieser Stelle des Himmels steht die Sonne alljährlich um den 23. August. Auch der Krebs weiter westlich und die Jungfrau im Südosten gehören zu den Ekliptiksternbildern.

Horizontnah erstreckt sich die Wasserschlange, deren Kopf unterhalb vom Krebs aufragt, bis weit nach SO. Über ihrem Rücken »schweben« drei unscheinbare Sternbilder – der Sextant, der Becher und der Rabe; die beiden letzten sind in der griechischen Mythologie mit der Wasserschlange verknüpft.

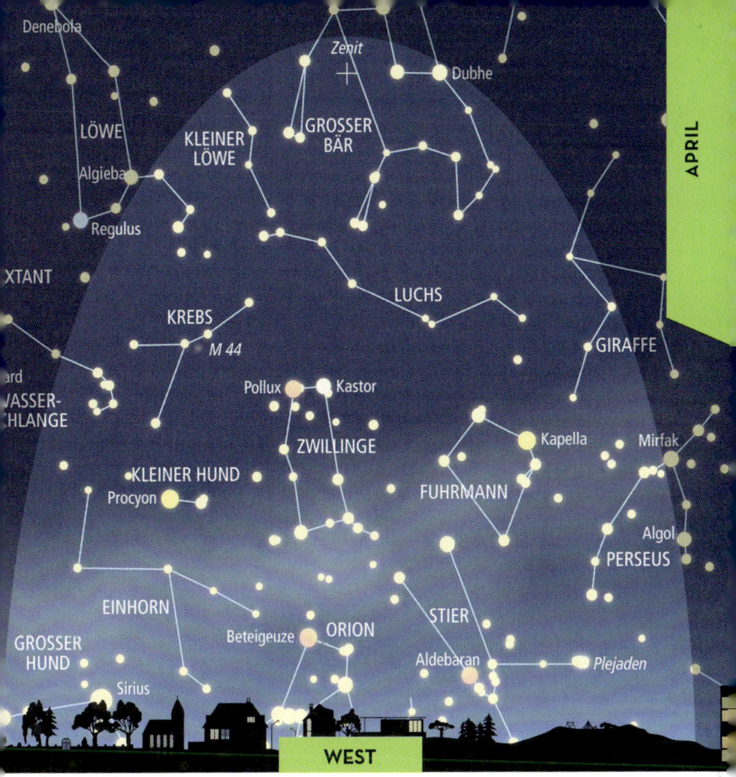

Hoch am Himmel kann man nach dem Kleinen Löwen, den Vorderpranken des Großen Bären und dem Luchs suchen. **Halbhoch** bereiten sich die Wintersternbilder auf den Untergang vor: Noch am höchsten stehen die beiden Zwillinge Kastor und Pollux. Rechts davon trifft der Blick auf den Fuhrmann mit der hellen Kapella, links leuchtet Procyon im Kleinen Hund, und darüber folgt der unscheinbare Krebs. **Horizontnah** verabschiedet sich der Himmelsjäger Orion von der Himmelsbühne. Seine drei Gürtelsterne sind – ebenso wie Sirius im Großen Hund – kaum noch zu erkennen, und auch der Stier ist weitgehend im Horizontdunst verschwunden und »dem Untergang geweiht«. **Die Milchstraße**, in dieser Region ohnehin nicht sehr eindrucksvoll, spannt sich flach über den Westhorizont.

Hoch am Himmel hat nun auch der Große Wagen als Hinterteil des Großen Bären den Höhepunkt seines täglichen Umschwungs überschritten und sinkt langsam im NW wieder herab. Zwischen ihm und dem Kleinen Bären mit dem Polarstern schlängelt sich der langgestreckte Schwanz des Drachen.

Halbhoch trifft der Blick fast ins Leere, da die Giraffe im NW sowie Kepheus und der Drache im NO nur recht lichtschwache Sterne umfassen.

Horizontnah passiert die Kassiopeia (das Himmels-W) gerade ihre tiefste Stellung – sie gehört, wie der benachbarte Kepheus, zu den Zirkumpolarsternbildern, die bei uns niemals untergehen. Während im NW der Perseus und Fuhrmann langsam versinken, steigt im NO die Eidechse schon wieder empor.

Die Milchstraße verläuft horizontnah von W nach O.

Hoch am Himmel erkennt man die Deichsel des Großen Wagens, die auf den orangerötlichen Arktur zeigt, den Hauptstern im Rinderhirten.

Halbhoch erstrecken sich der mächtige Herkules, der kopfüber am Himmel entlangzieht und seinen Fuß auf den Kopf des Drachen gestellt hat, sowie das Halbrund der Nördlichen Krone. Links unterhalb des Herkules strahlt die helle Wega, Hauptstern der Leier, gefolgt vom Schwan mit dem Hauptstern Deneb.

Horizontnah steigen die unscheinbaren Sternbilder Füchschen und Pfeil empor, weiter rechts ist der Schlangenträger schon fast vollständig aufgegangen. Auch der Schwanz der Schlange ist schon zu erkennen, während der Kopf bereits recht hoch steht.

Die Milchstraße ist noch immer wenig eindrucksvoll.

Hoch am Himmel hetzen die Jagdhunde dem Großen Bären nach, der nun schon wieder am SW-Himmel herabsteigt. Unterhalb der Jagdhunde schimmert blass das Haar der Berenike.

Halbhoch findet man im SO den orangerötlichen Arktur im Rinderhirten, weit im SW den weißlichen Regulus im Löwen und fast im S, aber etwas tiefer, die weißliche Spica, den Hauptstern der Jungfrau. Die drei Sterne bilden das große Frühlingsdreieck, das unter den jahreszeitlichen »Vielecken« am unauffälligsten ist.

Horizontnah ist die Wasserschlange jetzt endlich in voller Länge zu erkennen. Ausgehend vom Kopf weit im SW (außerhalb dieser Karte) erstreckt sie sich bis zum Schwanzende unterhalb des Sternbilds Waage über eine Gesamtlänge von fast 100 Grad. Allerdings sind ihre lichtschwachen Sterne im Horizontdunst kaum zu finden.

Hoch am Himmel erkennt man jetzt den Großen Bären, der zunehmend an Höhe verliert und gleichsam im Steilflug auf den NW-Horizont zusteuert. Zu seinen Füßen haben sich die Sternbilder Kleiner Löwe und Luchs regelrecht verkrochen.

Halbhoch lauert der Löwe zwar auf Beute, doch der vorauseilende Krebs dürfte ihm kaum zusagen.

Horizontnah bereitet sich der Kleine Hund mit Procyon auf den Untergang vor, und auch die Zwillinge mit Kastor und Pollux werden nicht mehr lange verweilen können, ebenso wie weiter im SW die Wasserschlange. Die übrigen Wintersternbilder haben sich von der Himmelsbühne verabschiedet. Nur der Fuhrmann mit der hellen Kapella hat noch eine Gnadenfrist.

Die Milchstraße bleibt auch im Mai unauffällig.

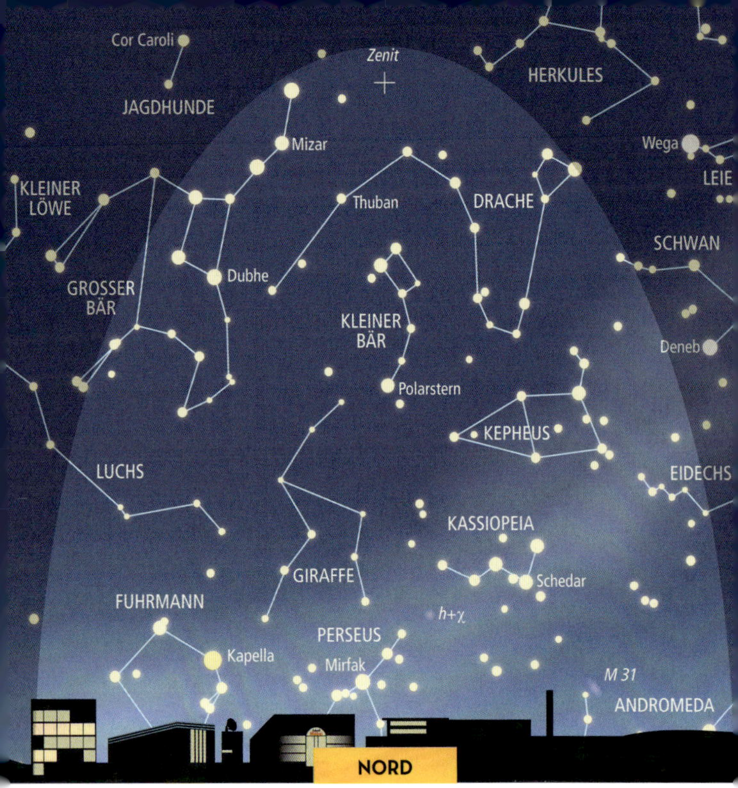

Hoch am Himmel scheint der Große Wagen im NW an der Deichselspitze zu hängen. Im NO windet sich der Drache in großem Bogen um den Kleinen Bären mit dem Polarstern; der Kleine Bär/Kleine Wagen reckt sich dem Zenit entgegen.

Halbhoch strebt die Giraffe ihrer Tiefststellung im N entgegen. Auch sie zählt zu den Zirkumpolarsternbildern, die bei uns nicht untergehen. Ihr folgt im NW der Luchs, während Eidechse und Kepheus im NO schon kräftig an Höhe gewonnen haben.

Horizontnah wäre das Himmels-W, die Kassiopeia, jetzt besonders gut lesbar, doch der Nordhorizont wird durch die lange Dämmerungszeit noch aufgehellt. Perseus und der Fuhrmann mit der hellen Kapella tauchen immer tiefer in die horizontnahen Dunstschichten ein.

Die Milchstraße steigt im NO langsam empor.

Hoch am Himmel erkennt man im NO Teile des Drachen, im SO das Halbrund der Nördlichen Krone sowie dazwischen den Riesen Herkules, der kopfüber am Himmel entlangzieht.

Halbhoch treten zwei Sternvierecke gegeneinander an: der Rumpf des Herkules und der Kopf des Drachen. Dazwischen, aber etwas tiefer, leuchtet die helle Wega, Hauptstern der Leier. Links darunter findet man das mächtige Sternkreuz des Schwans, während im SO die große Gestalt des Schlangenträgers höher steigt.

Horizontnah markiert Atair im Adler den dritten Eckpunkt des Sommerdreiecks (die beiden anderen sind Wega in der Leier und Deneb im Schwan). Links vom Adler liegen der Pfeil, das Füchschen und der markante Delfin, rechts der Schild und der Schwanz der Schlange.

Die Milchstraße verläuft noch sehr horizontnah.

Hoch am Himmel hat der mächtige Rinderhirte seine Höchststellung überschritten; sein orangerötlicher Hauptstern Arktur ist der hellste Stern nördlich des Himmelsäquators. Links neben dem Rinderhirten findet man die Nördliche Krone und den Herkules, rechts schimmert das Haar der Berenike.

Halbhoch nimmt die Jungfrau weiten Raum ein – unter den Ekliptiksternbildern ist sie das größte, in dem die Sonne alljährlich mehr als sechs Wochen verweilt. Links oberhalb der Jungfrau findet man den Kopf der Schlange und Teile des ausgedehnten Schlangenträgers.

Horizontnah steht darunter der rötliche Antares, Hauptstern im Skorpion. Dessen Scheren sind schon vor langer Zeit abgetrennt und zum Sternbild Waage geformt worden. Wasserschlange und Rabe entschwinden allmählich im SW.

Hoch am Himmel sinkt die mächtige Gestalt des Großen Bären jetzt deutlich immer weiter herunter. Während die Tiergestalt vorwärts wandert, scheint der »eingelagerte« Große Wagen rückwärts über den Himmel zu rollen. Links neben den Deichselsternen lauern die Jagdhunde, noch weiter im SW kann man das unscheinbare Sternbild Haar der Berenike suchen.

Halbhoch ducken sich Luchs und Kleiner Löwe vor dem Großen Bären, während der Löwe selbst zu einem weiten Sprung angesetzt hat.

Horizontnah hat sich die Wasserschlange weitgehend von der Himmelsbühne verabschiedet, und mit ihr Sextant und Becher. Auch die Zwillinge im NW, deren »Füße« schon untergegangen sind, ziehen sich nun zurück; mit ihnen verschwinden auch die letzten Glanzpunkte des Winterhimmels.

Hoch am Himmel windet sich der lange Rumpf des Drachen in großem Bogen um den Kleinen Bären, der sich jetzt über dem Polarstern nach oben reckt.

Halbhoch ragt der Große Bär von NW herüber. Die beiden hinteren Kastensterne vom Großen Wagen sind auf den Polarstern ausgerichtet; mit ihrer Hilfe kann man diesen scheinbaren Dreh- und Angelpunkt immer ganz einfach finden. An der Spitze des Kepheus auf der anderen Seite (NO) steht der Stern, der unter den Nachbarn des Polarsterns der hellste ist.

Horizontnah gewinnt die Kassiopeia langsam wieder an Höhe, während die benachbarte Giraffe ihre Tiefststellung gerade erreicht hat. Noch tiefer beginnen Andromeda, Perseus und Fuhrmann mit ihrem Comeback.

Die Milchstraße steigt im NO empor.

Hoch am Himmel blickt der Drache unweit des Zenits in die Runde. Nicht weit entfernt leuchtet die helle Wega, Hauptstern der Leier, die das Sommerdreieck anführt.

Halbhoch dominiert der Schwan mit seinen ausgebreiteten Schwingen den Osthimmel. Links davon erkennt man den Kepheus, während rechts unterhalb vom Schwan der Adler emporsteigt. Zwischen beiden kauert das Füchschen, fliegt der Pfeil und springt der Delfin über die Wogen.

Horizontnah künden sich bereits die ersten Herbststernbilder an: Pegasus, das geflügelte Ross, reckt seine Vorderläufe empor, und auch Wassermann und Steinbock lugen schon über die Horizontlinie.

Die Milchstraße verläuft halbhoch über den Osthimmel und präsentiert im Schwan einige Sternwolken.

Hoch am Himmel überschreitet der mächtige Herkules seine Höchststellung im Süden. Rechts von ihm erkennt man die Nördliche Krone, die im SW an den Rinderhirten mit dem hellen Arktur grenzt.

Halbhoch hat der Kopf der Schlange die Südstellung bereits hinter sich gelassen, während der Schlangenträger genau auf der Nord-Süd-Linie steht. An seinem linken Rand findet man jetzt auch den Schwanz der Schlange (das einzige zweigeteilte Sternbild), gefolgt vom Adler mit dem hellen Atair.

Horizontnah hat auch der Skorpion die Nord-Süd-Linie überquert. Als Ekliptiksternbild folgt er der Waage, und in seinem Schlepptau steigt links der Schütze langsam höher.

Die Milchstraße zeigt im SO einige vielversprechende helle Sternwolken.

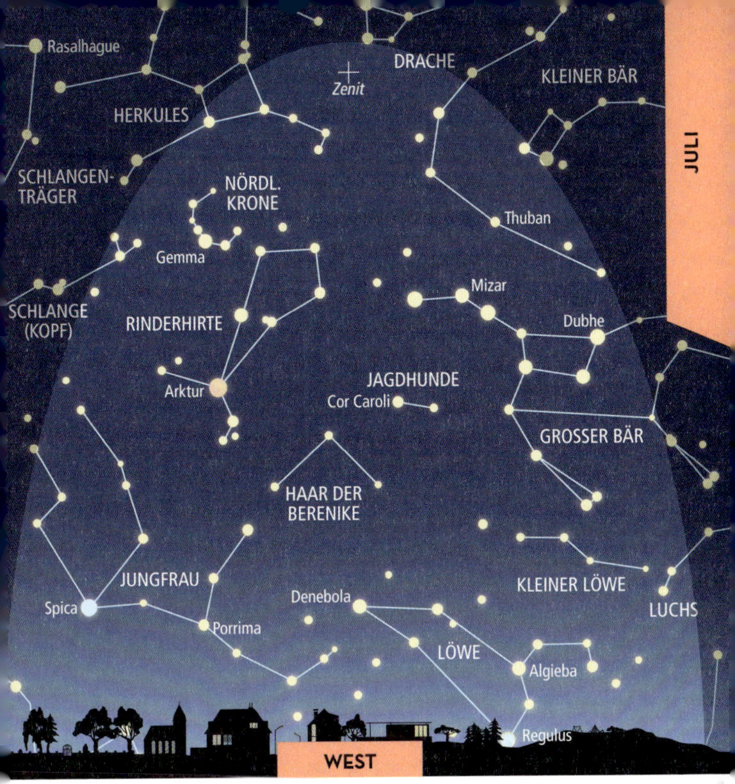

Hoch am Himmel wird man wieder einmal kaum helle Sterne finden. Noch am nächsten an den Zenit heran kommen ein »Bein« des Herkules (siehe Karte Süd) und der gewundene Rumpf des weitläufigen Drachen.

Halbhoch ragen Körper und Schwanz des Großen Bären noch in den westlichen Teil des Himmels hinein. Der geschwungene Bogen des Bärenschwanzes (der Deichsel des Großen Wagens) weist den Weg zu Arktur, dem orangerötlichen Hauptstern des Rinderhirten. Dazwischen liegen noch die Jagdhunde und das unscheinbare Haar der Berenike.

Horizontnah bietet sich ein letzter Blick auf den Löwen mit Regulus, ehe dieser erste Eckpunkt des Frühlingsdreiecks hinter dem Horizont verschwindet. Auch die Jungfrau mit Spica im SW wird sich nun bald vom Abendhimmel verabschieden.

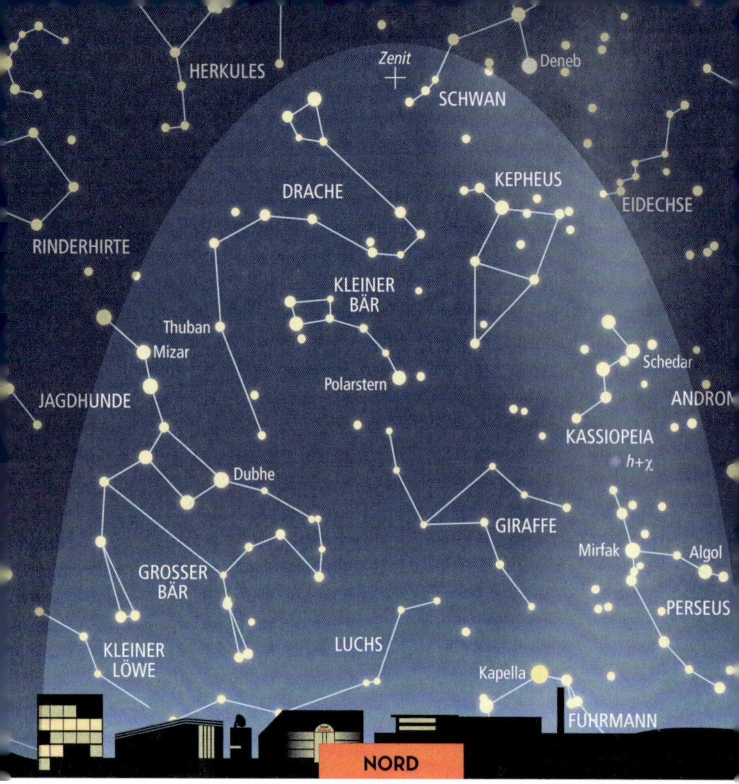

Hoch am Himmel beherrscht der Drache die Szene: Seinen Kopf findet man noch nahe dem Zenit des Himmels; von dort erstreckt sich der Drachenrumpf zunächst nach rechts unten, knickt kurz vor dem Kepheus nach NW ab und schlägt dann einen weiten Bogen rund um den Kleinen Bären.
Halbhoch setzt im NW der Große Bär mit seinen ausgestreckten Beinen zur »Landung« über dem Nordhorizont an. Vor ihm startet die Giraffe gerade durch, und die Kassiopeia hat gegenüber ihrer Tiefststellung bereits deutlich an Höhe gewonnen.
Horizontnah ducken sich im NW und N der Kleine Löwe und der Luchs. Weiter rechts flackert Kapella, der Hauptstern im Fuhrmann, und der Perseus steigt schon wieder im NO langsam empor.
Die Milchstraße ragt im NO steil empor.

Hoch am Himmel findet man das markante Sternenkreuz des Schwans (gelegentlich auch »Kreuz des Nordens« genannt) und den weniger auffälligen Kepheus.

Halbhoch spannt sich eine Kette kleinerer Sternbilder von rechts nach links; sie umfasst den Delfin und das Füllen, aber auch die Eidechse zwischen Schwan und Kepheus gehört noch dazu. Hellere Sterne fehlen hier.

Horizontnah zeichnet sich schon die nächste Trendwende ab, denn dort haben sich bereits etliche Herbststernbilder versammelt: der Wassermann im SO, das geflügelte Ross Pegasus genau im O, noch darunter die Fische und ganz im NO die Andromeda, das Dreieck und der Widder.

Die Milchstraße spannt sich in weitem Bogen von der Kassiopeia im NO bis zum Schwan im SO.

Hoch am Himmel leuchtet die helle Wega, der Hauptstern der Leier; sie hat ihre Höchststellung bereits überschritten. Rechts setzt Herkules seinen Abstieg fort, und von links segelt der Schwan langsam ins Bild. Sein langgestreckter Hals reicht bis an das unauffällige Füchschen heran.
Halbhoch strebt der Adler mit dem hellen Atair der Nord-Süd-Linie entgegen. Der Schild und der Schlangenträger – eine große Sternleere, die von einer Kette lichtschwacher Sterne umrahmt wird – haben diese Linie schon hinter sich gelassen. Von O folgen der Pfeil und der Delfin.
Horizontnah taucht der Skorpion bald schon wieder ab, während der nördliche Teil des Schützen gerade in die beste Position rückt.
Die Milchstraße entfaltet zwischen Schild, Skorpion und Schütze ihre größte Helligkeit.

Hoch am Himmel ragt der Kopf des Drachen von NW in den Kartenausschnitt hinein, während die helle Wega mit der Leier von SW nachrückt. Zwischen beiden sinkt – schon etwas tiefer – der Herkules herab.

Halbhoch trifft der Blick auf das Halbrund der Nördlichen Krone und den Rinderhirten, der jetzt wie ein riesiger Papierdrachen aussieht, mit dem orangerötlichen Arktur am Schwanzansatz. Nach links schließt sich der Kopf der Schlange an, nach rechts entschwinden die Jagdhunde und der Große Wagen dem Blick in Richtung N.

Horizontnah findet man die Reste von zwei Ekliptiksternbildern, die schon teilweise untergegangen sind: die Waage im SW und die Jungfrau im W. Einzig das Haar der Berenike steht noch hoch genug und daher vollständig über dem Horizont.

Hoch am Himmel hat der Kepheus seine Höchststellung fast erreicht; seine Umrisse ähneln jetzt denen eines Bleistiftstummels.

Halbhoch folgen ihm im NO das Himmels-W der Kassiopeia und die unscheinbare Giraffe sowie – noch etwas tiefer – der Perseus, während im NW der Drache langsam vom Himmel herabsinkt. Der Kleine Bär ragt derzeit vom Polarstern nach Westen.

Horizontnah schleifen die Füße des Großen Bären im NW fast über den Horizont. Vom Luchs ragt nur noch ein Teil über den Nordhorizont; weil seine Sterne nicht sehr hell sind, ist er allerdings nicht leicht zu identifizieren. Dagegen hat Kapella im Fuhrmann die horizontnahen Dunstschichten bereits überwunden und steigt langsam höher hinauf; sie zeigt an, dass der nächste Winter nicht mehr weit sein kann.

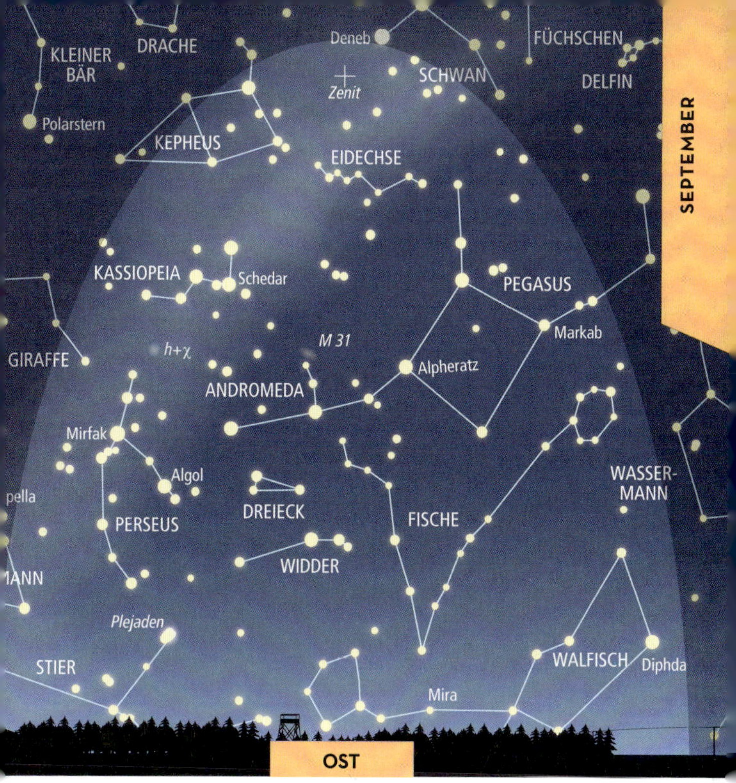

Hoch am Himmel sucht man vergeblich nach auffälligen Figuren: Neben der Eidechse steigt Kepheus im NO noch etwas höher.

Halbhoch trifft der Blick auf das Pegasus-Viereck, das eigentlich besser Herbstviereck genannt wird, weil der linke obere Eckstern (an der Grenze zur Andromeda) nicht mehr zum Pegasus gehört, sondern Hauptstern der Andromeda ist. Die Vorderläufe des kopfüber dahinsegelnden Pferdes reichen bis an die Eidechse heran, die Rolle der Hinterläufe wird von der Sternenkette der Andromeda übernommen.

Horizontnah findet man die unauffälligen Fische, das Dreieck und den Widder sowie den Perseus, aber auch der Walfisch und Teile des Stiers mit den Plejaden sowie der Fuhrmann sind schon aufgegangen.

Die Milchstraße steigt steil im NO empor.

Hoch am Himmel beherrscht der Schwan die Szene. Seinen Hauptstern Deneb findet man noch unweit vom Zenit, dem Scheitelpunkt des Himmels.
Halbhoch hat der Adler mit seinem Hauptstern Atair seine Höchststellung im Süden bereits überschritten. Die Umrisse dieses Sternbilds erinnern an einen etwas verbogenen Anker. Zwischen ihm und dem Schwan kann man nach den kleineren Sternbildern Füchschen, Pfeil und Delfin Ausschau halten. Weiter östlich folgen das Füllen und, näher zum Horizont, der Wassermann.
Horizontnah strebt der Schütze seinem Untergang entgegen, während der Steinbock gerade die Südstellung passiert; ihm folgt der Südliche Fisch mit Fomalhaut, einem Stern der 1. Größenklasse.
Die Milchstraße verläuft als hell schimmerndes Band vom Zenit nach SW.

Hoch am Himmel leuchten mit Deneb (im Schwan) und Wega (in der Leier) zwei Eckpunkte des Sommerdreiecks – Atair, der dritte Eckpunkt, steht weiter links. Rechts von der Wega markiert ein kleines Sternenviereck den Kopf des Drachen.
Halbhoch neigt sich der Herkules allmählich seinem Untergang zu. Der Riese, der kopfüber am Himmel steht, hält den nahen Drachen im Zaum.
Horizontnah verabschieden sich die letzten Frühlingssternbilder: Das Haar der Berenike ist bereits im Horizontdunst verschwunden, der helle Arktur im Rinderhirten wird ihm bald folgen, und auch die Schlange und der Schlangenträger können sich jetzt nicht mehr lange halten. Einzig die Nördliche Krone bleibt noch ein wenig länger zu beobachten.
Die Milchstraße erfüllt den zenitnahen Bereich.

Hoch am Himmel hat Kepheus seine Höchststellung zwischen Polarstern und dem Zenit durchlaufen. Die Umrisse des wenig auffälligen Sternbildes erinnern in dieser Stellung an eine riesige Eistüte, deren Spitze nahe an den Polarstern reicht. Weiter rechts steht das Himmels-W der Kassiopeia, das jetzt eher wie eine krakelig geschriebene »3« erscheint.
Halbhoch fehlen hellere Sterne weitgehend – nur der Polarstern fällt hier auf. Von ihm aus erstreckt sich der Kleine Bär in nordwestlicher Richtung und zwingt so den Drachen zu einem weiten Bogen. Im NO gewinnt die Giraffe weiter an Höhe.
Horizontnah scheint der Große Bär mit seinen Hintertatzen jetzt über die Erde zu laufen und Jagd auf den vorauseilenden Luchs zu machen.
Die Milchstraße ist im Zenitbereich zu erkennen.

Hoch am Himmel erscheint die Kassiopeia zunehmend wie eine krakelige 3. Weiter rechts erstreckt sich die Sternenkette der Andromeda, die am Herbstviereck endet.
Halbhoch dominiert die etwas verbogene Wünschelrute des Sternbildes Perseus, das links an die Giraffe und rechts an Dreieck und Widder grenzt. Nach Südosten schließt sich das große, aber unscheinbare Sternbild der Fische an.
Horizontnah steigen die ersten Winterfiguren allmählich höher, allen voran der Fuhrmann mit der hellen Kapella. Rechts darunter folgt der Stier mit den Plejaden, während der große, aber wenig markante Walfisch schon weit nach SO gezogen ist. Weit im NO tauchen die Zwillinge auf.
Die Milchstraße steigt im NO empor, ist aber in diesem Bereich nicht besonders auffällig.

Hoch am Himmel wird man keine hellen Sterne finden, denn die Eidechse, die sich dort entlangschlängelt, kann nur mit Sternen der vierten Größenklasse und darunter aufwarten.

Halbhoch erreicht das geflügelte Ross Pegasus seine Höchststellung; bis auf die Eckpunkte des Herbstvierecks steuert auch er keine helleren Sterne bei, vom vorauseilenden Füllen ganz zu schweigen. Auch die nachfolgenden Fische sind nicht leicht zu finden.

Horizontnah erstreckt sich das Feuchtbiotop des Himmels: Der unauffällige Wassermann beginnt schon mit seinem Abstieg, darunter kann sich Fomalhaut, der Hauptstern im Südlichen Fisch, kaum gegen die horizontnahen Dunstschichten durchsetzen. Während rechts der Steinbock nach SW abzieht, folgt von SO das Sternbild Walfisch.

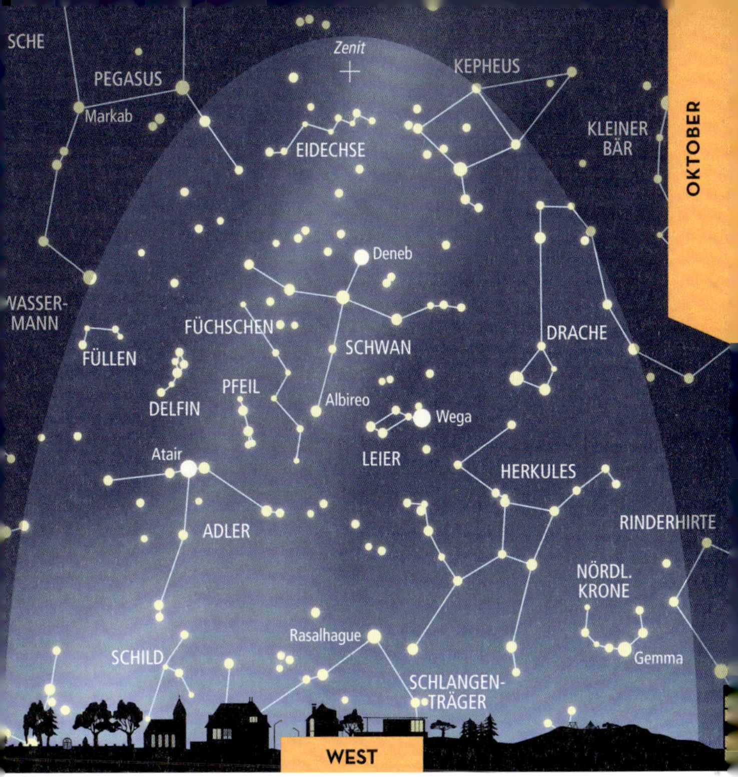

Hoch am Himmel teilen sich Kepheus und Eidechse die an hellen Sternen arme Region um den Zenit.

Halbhoch segelt der Schwan mit ausgebreiteten Schwingen in Richtung Horizont; sein Hauptstern Deneb bildet jetzt den oberen Eckpunkt des Sommerdreiecks. Auch Wega, Hauptstern in der Leier, und Atair im Adler erinnern noch an die warme Jahreszeit. Über Atair trifft der Blick auf das Füchschen, den Pfeil und den Delfin mit seiner markanten kleinen Sternraute.

Horizontnah warten Herkules und die Nördliche Krone auf den Untergang, der den Schlangenträger bereits erfasst hat. Auch der Schild wird bald im SW verschwinden.

Die Milchstraße ragt im SW steil nach oben und erstreckt sich durch Adler und Schwan bis zum Kepheus.

Hoch am Himmel passiert die Kassiopeia ihre höchste Stellung zwischen dem Polarstern und dem Zenit; bei Zirkumpolarsternbildern spricht man von der »oberen Kulmination«. In dieser Position erscheint sie nahezu als Himmels-»M«. Auch der Kepheus und die Giraffe stehen noch höher als der Polarstern, der Hauptstern im Kleinen Bären.
Halbhoch windet sich der Drache von NW her in weitem Bogen um den Kleinen Bären mit dem Polarstern.
Horizontnah hat der Große Bär/Große Wagen seine Tiefststellung im Norden (die untere Kulmination) bereits überschritten und beginnt nun im NO allmählich mit dem Wiederaufstieg. Er folgt darin dem Luchs, den man jetzt steil aufgerichtet über dem NO-Horizont finden kann.
Die Milchstraße erstreckt sich jetzt hoch über den Nordhimmel.

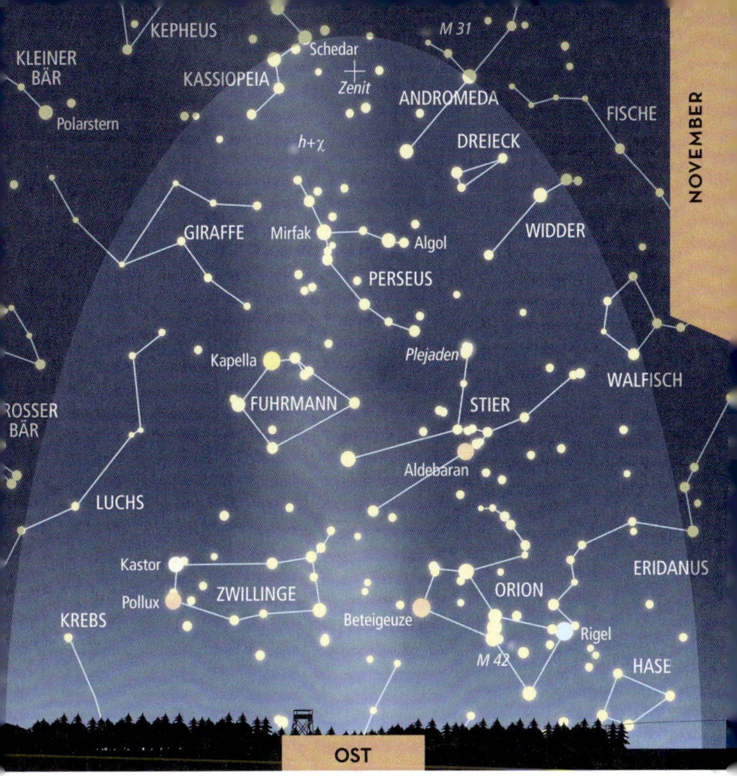

Hoch am Himmel ragt die Andromeda mit dem berühmten Andromedanebel (M 31) von Süden herüber, und Dreieck und Widder ziehen ebenfalls dorthin weiter. Nach links schließen sich der Perseus und die Giraffe an.

Halbhoch künden der Fuhrmann mit der hellen Kapella sowie der Stier mit den Plejaden und dem rötlich leuchtenden Aldebaran den nächsten Winter an; Aldebaran sitzt an der Spitze einer V-förmigen Sterngruppe, dem Sternhaufen der Hyaden (Regengestirn).

Horizontnah steigen die Zwillinge mit Kastor und Pollux empor, im Osten taucht der Himmelsjäger Orion mit Beteigeuze, Rigel und den markanten drei Gürtelsternen auf, und im SO windet sich der Fluss Eridanus seiner Mündung am Südhimmel entgegen.

Die Milchstraße enthält im Fuhrmann und Perseus einige schöne Sternhaufen.

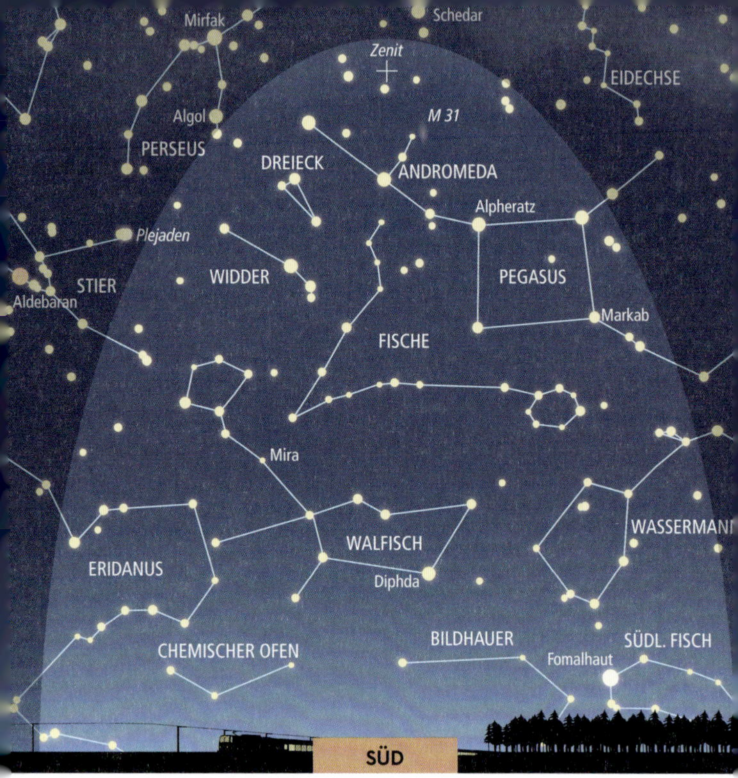

Hoch am Himmel findet man jetzt die Lichterkette der Andromeda; sie stößt rechts an das Herbstviereck, das gleichsam den Rumpf des geflügelten Rosses Pegasus markiert. Von links folgen noch Dreieck und Widder. In der Andromeda kann man in einer mondscheinlosen Nacht nach M 31 suchen, der nächsten großen Nachbargalaxie unserer Milchstraße.
Halbhoch tummeln sich die Sternketten der Fische und der Walfisch scheinbar in dem Wasser, das der Wassermann im SW ausgegossen hat.
Horizontnah setzt sich dieses »Feuchtbiotop« in Gestalt der Sternbilder Südlicher Fisch und Fluss Eridanus fort; der Chemische Ofen und der Bildhauer, beides sehr unscheinbare Figuren, gehören allerdings nicht dazu.

Hoch am Himmel beginnt die Kassiopeia mit ihrem Abstieg. Sie folgt damit ihrem Gemahl Kepheus und der Eidechse. Im Südwesten kann auch der Pegasus seine Höhe nicht halten.

Halbhoch setzt der Schwan seinen Sinkflug fort; er lenkt den Blick noch einmal auf das Sommerdreieck aus Deneb, dem Hauptstern im Schwan, Wega (in der Leier) und Atair (im Adler), der bald als erster dieser drei im Westen versinken wird.

Horizontnah verabschieden sich der Herkules im NW und der Steinbock im SW, und auch der Wassermann muss bald daran glauben. Oberhalb vom Adler findet man mit dem Füchschen ein »modernes« Sternbild; dagegen waren der Pfeil, der Delfin und das Füllen schon den Griechen im Altertum bekannt.

Die Milchstraße steigt im Westen steil empor.

Hoch am Himmel treffen die drei Sternbilder Kassiopeia, Perseus und Giraffe zusammen. Mit einem Fernglas findet man dort die beiden Sternhaufen h und chi im Perseus, die dem bloßen Auge nur als verwaschene Lichtflecken erscheinen. Kassiopeia hat ihre Höchststellung bereits überschritten und mit dem Abstieg begonnen.

Halbhoch eilt ihr im NW der Kepheus voran, ihr Gemahl; noch steht er ähnlich hoch Himmel wie der Polarstern, von dem der Kleine Bär jetzt ziemlich senkrecht nach unten herunter »hängt«.

Horizontnah zwängt sich der Drache zwischen dem Kleinen Bären und dem Nordhorizont hindurch; Herkules, sein Bezwinger, ist bereits weitgehend versunken, während der Große Bär/Große Wagen im NO zu neuen Höhenflügen ansetzt.

Die Milchstraße ist am Nordhimmel wenig auffällig.

Hoch am Himmel lenkt Perseus, ein Held der griechischen Sagenwelt, die Blicke auf sich. Die Umrisse dieses Sternbilds erinnern an eine etwas verwachsene Wünschelrute, an deren rechtem (oberem) Griff der veränderliche Stern Algol alle paar Tage langsam »blinkt«. Im Vergleich dazu ist die Giraffe ziemlich unauffällig. Auch Fuhrmann und Stier stehen bereits recht hoch.

Halbhoch dominieren die Zwillinge mit Kastor und Pollux den Osthimmel. Links davon ragt der unscheinbare Luchs auf, rechts schickt sich der Himmelsjäger Orion an, den Südhimmel zu erobern.

Horizontnah trifft der Blick auf das Einhorn, den Kleinen Hund und den Krebs, und selbst der Kopf des Löwen ist im NO bereits zu erkennen.

Die Milchstraße fällt am Winterhimmel kaum auf.

Hoch am Himmel passiert der Perseus die Nord-Süd-Linie; die Figur ragt über den Zenit hinaus. Nach SW schließen sich die Sternenkette der Andromeda sowie das Dreieck und der Widder an.

Halbhoch findet man im Süden den Kopf des Walfischs, der allerdings keine sehr hellen Sterne enthält. Der Rumpf des Meeresungeheuers, das auf Geheiß des Meeresgottes Poseidon die Gestade Äthiopiens heimsuchen sollte, reicht weit nach SW. Rechts darüber tummeln sich die Fische, links ist der Stier mit den Plejaden nicht zu übersehen.

Horizontnah strömt der Fluss Eridanus in weitem Bogen nach Süden; seine Quelle hat er unweit von Rigel, dem weißlichen rechten Fußstern des Himmelsjägers Orion. Der Hase zu seinen Füßen scheint sich an dem frischen Quellwasser laben zu wollen.

Hoch am Himmel sinkt die Kassiopeia langsam abwärts; derzeit steht sie etwa auf gleicher Höhe wie Andromeda. Weiter links erkennt man das Dreieck und den Widder.
Halbhoch steht das Herbstviereck, das den Rumpf des Pegasus markiert, auf der rechten unteren Spitze, an der der Hals des kopfüber am Himmel schwebenden geflügelten Rosses ansetzt. Zwischen ihm und dem Kepheus kann man nach der unscheinbaren Eidechse Ausschau halten.
Horizontnah hat der Schwan zum Sturzflug angesetzt; seine Umrisse erinnern jetzt an ein großes Kreuz, das über dem NW-Horizont schwebt – der Schwan wird daher auch oft als »Kreuz des Nordens« bezeichnet. Füchschen, Pfeil, Delfin und Füllen werden bald ebenso verschwinden wie der Wassermann im SW.
Die Milchstraße ragt im NW steil empor.

Adler

Aquila (Aql)

Beste Sichtbarkeit Juni – Oktober
Hellster Stern α Aql – Atair (0,8^m, 17 Lichtjahre entfernt)
Bekannter Veränderlicher η Aql (3,6^m – 4,5^m, Periode 7,2 Tage)
Besonderheit Atair markiert den südlichsten Eckpunkt des Großen Sommerdreiecks; die beiden anderen Eckpunkte sind Wega (in der Leier) und Deneb (im Schwan). Der veränderliche Stern η Aql gehört zur Klasse der Pulsationsveränderlichen vom Typ δ Cephei.

→ **TYPISCH Das Sternbild Adler kulminiert im Juli gegen 24 Uhr. Es grenzt im Norden an den Pfeil, im Westen an den Herkules, den Schlangenträger, die Schlange und den Schild, im Süden an den Schützen und den Steinbock sowie im Osten an den Wassermann und den Delfin. Das äquatornahe Sternbild ist nördlich von 78 Grad und südlich von -71 Grad geografischer Breite nicht vollständig sichtbar. Mit einer Fläche von 652 Quadratgrad steht es in der nach Größe sortierten Liste der Sternbilder auf Platz 22.**

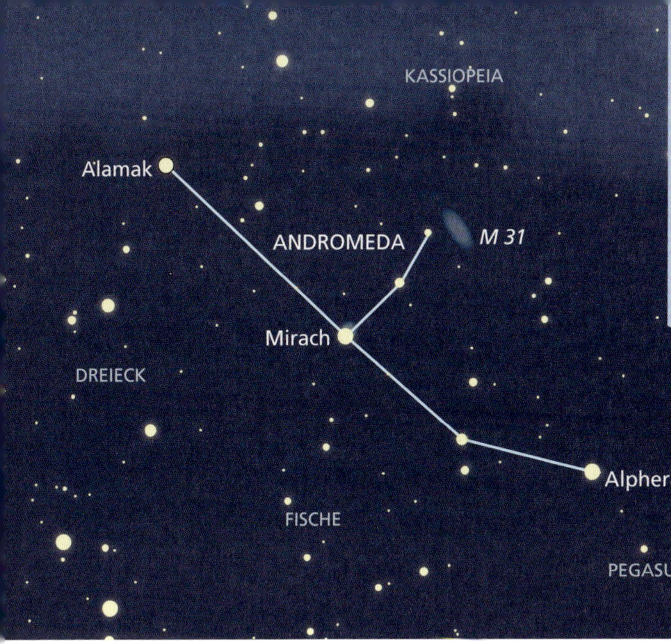

Andromeda

Andromeda (And)

Beste Sichtbarkeit Juli – Februar
Hellster Stern α And – Alpheratz (2,1^m, 97 Lichtjahre entfernt)
Hellster Nebel M 31 – Andromedanebel (4. Größenklasse), nächste große Nachbargalaxie, 2,5 Millionen Lichtjahre entfernt.
Besonderheit Der Andromedanebel kann von dunklen Standorten fernab störender Stadtlichter bereits mit bloßem Auge als nebliger Fleck gesehen werden.

→ TYPISCH Das Sternbild Andromeda kulminiert im Oktober gegen 24 Uhr. Es grenzt im Norden an die Kassiopeia, im Westen an die Eidechse und den Pegasus, im Süden an die Fische und das Dreieck sowie im Osten an den Perseus. Das Sternbild ist nördlich von 68 Grad geografischer Breite zirkumpolar, jenseits von -36 Grad dagegen nicht mehr vollständig sichtbar. Mit einer Fläche von 722 Quadratgrad steht es in der nach Größe sortierten Liste der Sternbilder auf Platz 19.

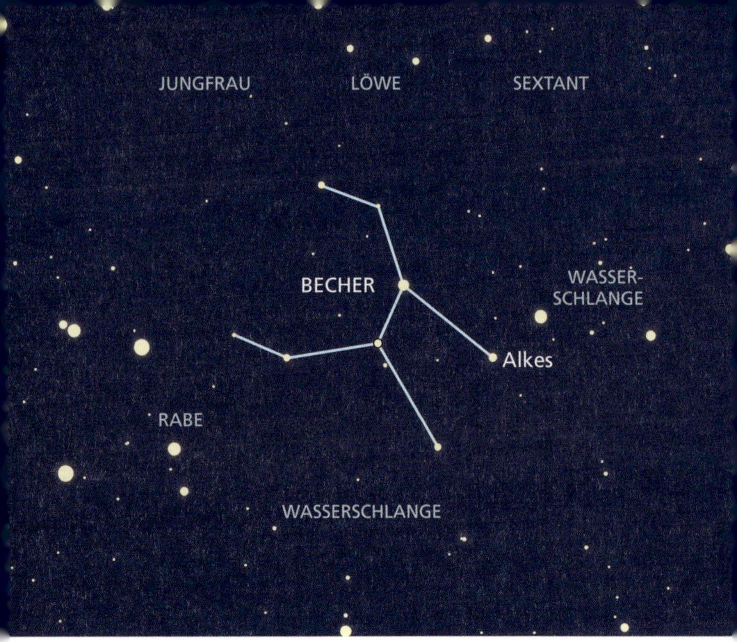

Becher

Crater (Crt)

Beste Sichtbarkeit Februar – Mai
Hellster Stern δ Crt – Alkes ($3{,}6^m$, 159 Lichtjahre entfernt)
Besonderheit Alkes ist gewissermaßen ein kleiner Bruder von Arktur im Rinderhirten – mit ähnlicher Masse, von ähnlicher Größe und mit ähnlicher Leuchtkraft, nur rund fünfmal so weit von uns entfernt.

→ **TYPISCH Das Sternbild Becher kulminiert im März gegen 24 Uhr. Es grenzt im Norden an die Jungfrau und den Löwen, im Westen an den Sextanten und die Wasserschlange, im Süden an die Wasserschlange sowie im Osten an den Raben und die Jungfrau. Das Sternbild ist südlich von –84 Grad geografischer Breite zirkumpolar, nördlich von 65 Grad dagegen nicht mehr vollständig sichtbar. Mit einer Fläche von 282 Quadratgrad steht es in der nach Größe sortierten Liste der Sternbilder auf Platz 53.**

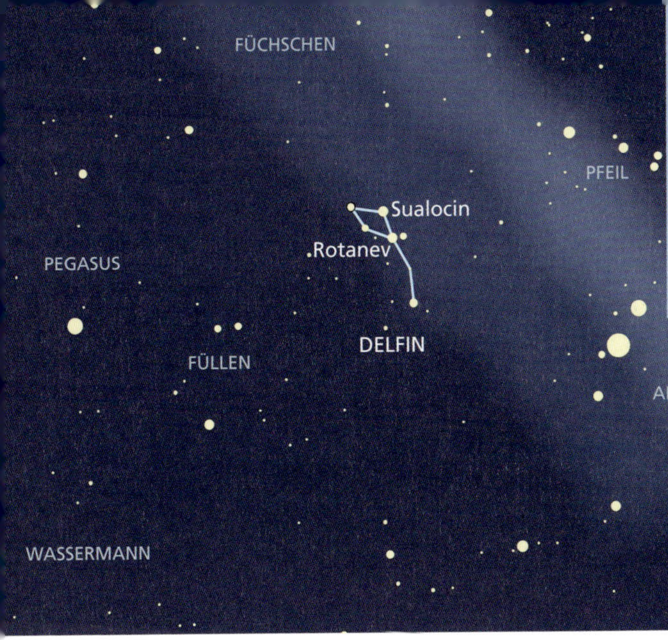

Delfin

Delphinus (Del)

Beste Sichtbarkeit Juni – Dezember
Hellster Stern β Del – Rotanev (3,6^m, 101 Lichtjahre entfernt)
Besonderheit Die Eigennamen von β und α Del sind die rückwärts geschriebene Form von »Nicolaus Venator«: Dies ist die latinisierte Form von Niccolo Cacciatore, dem Assistenten von Giuseppe Piazzi.

→ **TYPISCH Das Sternbild Delfin kulminiert im Juli/August gegen 24 Uhr. Es grenzt im Norden an das Füchschen, im Westen an den Pfeil und den Adler, im Süden an den Adler und den Wassermann sowie im Osten an das Füllen und den Pegasus. Das Sternbild ist nördlich von 88 Grad geografischer Breite zirkumpolar, jenseits von –69 Grad dagegen nicht mehr vollständig sichtbar. Mit einer Fläche von 189 Quadratgrad steht es in der nach Größe sortierten Liste der Sternbilder auf Platz 69.**

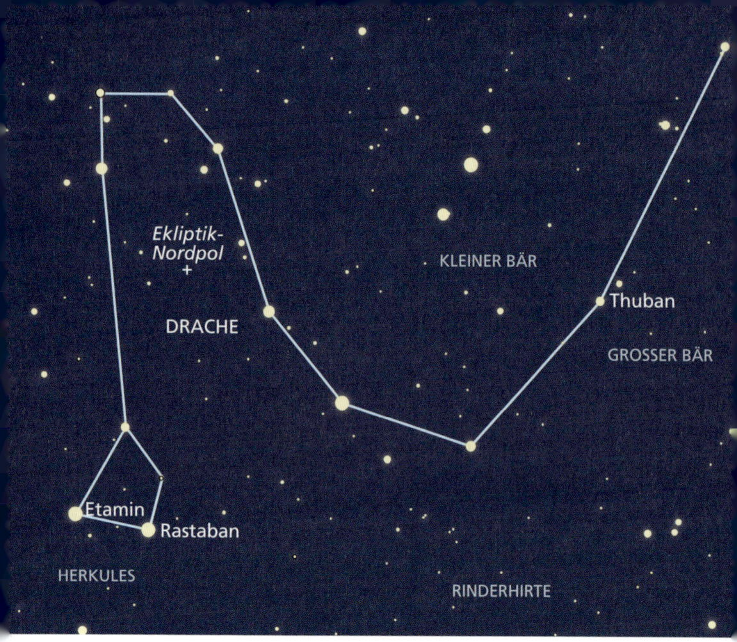

Drache

Draco (Dra)

Beste Sichtbarkeit Februar – Oktober
Hellster Stern γ Dra – Etamin (2,2^m, 154 Lichtjahre entfernt)
Besonderheit Im Sternbild Drache liegt der Pol der Ekliptik, jener Punkt, der genau über der Erdbahnebene steht.

→ **TYPISCH Das Sternbild Drache kulminiert im Mai gegen 24 Uhr. Es grenzt im Norden an den Kleinen Bären und die Giraffe, im Westen an die Giraffe und den Großen Bären, im Süden an den Rinderhirten, den Herkules, die Leier und an den Schwan sowie im Osten an den Kepheus. Das Sternbild ist nördlich von 42 Grad geografischer Breite zirkumpolar und jenseits von –4 Grad dagegen nicht mehr vollständig sichtbar. Mit einer Fläche von 1083 Quadratgrad steht es in der nach Größe sortierten Liste der Sternbilder auf Platz 8.**

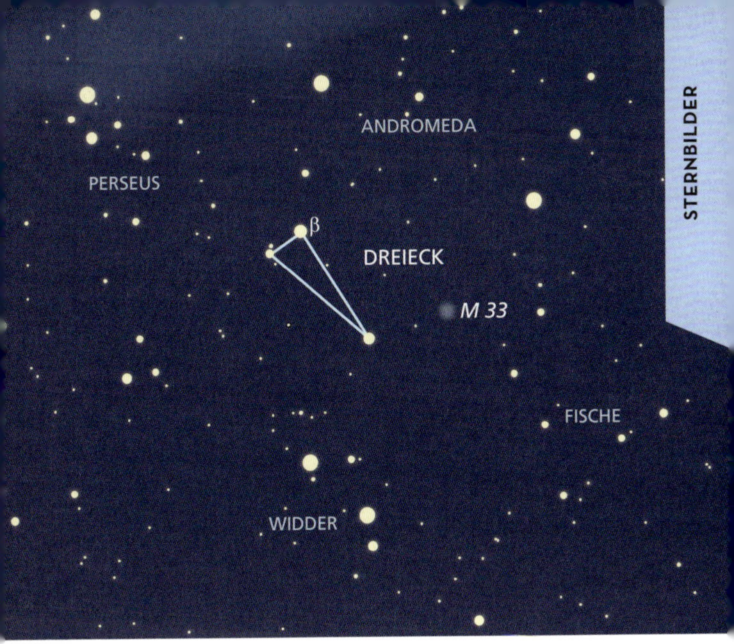

Dreieck

Triangulum (Tri)

Beste Sichtbarkeit August – März
Hellster Stern β Tri (3,0^m, 127 Lichtjahre entfernt)
Hellster Nebel M 33 – Dreiecksnebel (5. Größenklasse), eine nahe Spiralgalaxie
Besonderheit Da wir nahezu senkrecht auf die Spiralgalaxie M 33 blicken, erscheint sie dunkler als M 31 im Sternbild Andromeda.

→ **TYPISCH** **Das Sternbild Dreieck kulminiert im Oktober gegen 24 Uhr. Es grenzt im Norden an die Andromeda, im Westen an die Fische, im Süden an den Widder sowie im Osten an den Perseus. Das Sternbild ist nördlich von 65 Grad geografischer Breite zirkumpolar, jenseits von -53 Grad dagegen nicht mehr vollständig sichtbar. Mit einer Fläche von 132 Quadratgrad steht es in der nach Größe sortierten Liste der Sternbilder auf Platz 78.**

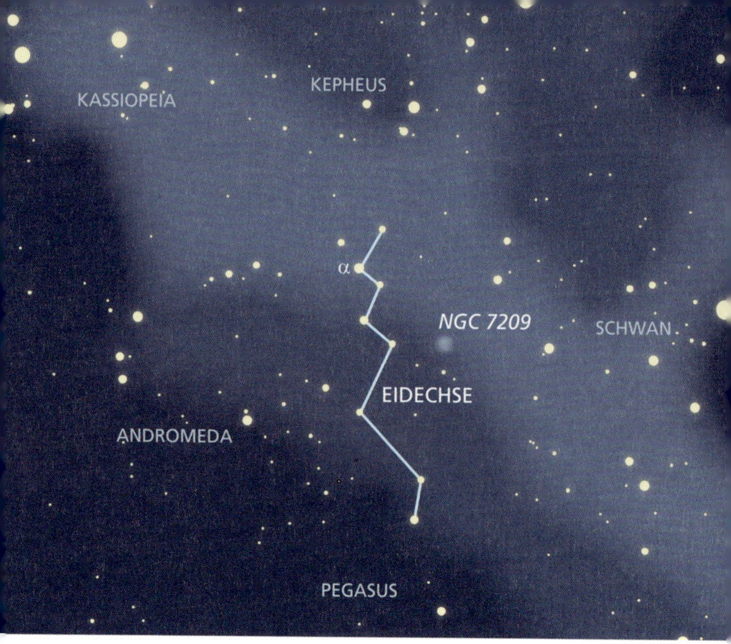

Eidechse

Lacerta (Lac)

Beste Sichtbarkeit Juni – Februar
Hellster Stern α Lac (3,8^m, 102 Lichtjahre entfernt)
Hellster Nebel NGC 7209 – offener Haufen, etwa 50 Sterne
Besonderheit Die Eidechse erscheint am Himmel wie eine Miniaturausgabe vom Himmels-W der Kassiopeia.

→ TYPISCH Das Sternbild Eidechse kulminiert im August/September gegen 24 Uhr. Es grenzt im Norden an den Kepheus, im Westen an den Schwan, im Süden an den Pegasus sowie im Osten an die Andromeda und die Kassiopeia. Das Sternbild ist nördlich von 54 Grad geografischer Breite zirkumpolar, jenseits von -23 Grad ist es dagegen nicht mehr vollständig sichtbar. Mit einer Fläche von 201 Quadratgrad steht es in der nach Größe sortierten Liste der Sternbilder auf Platz 68.

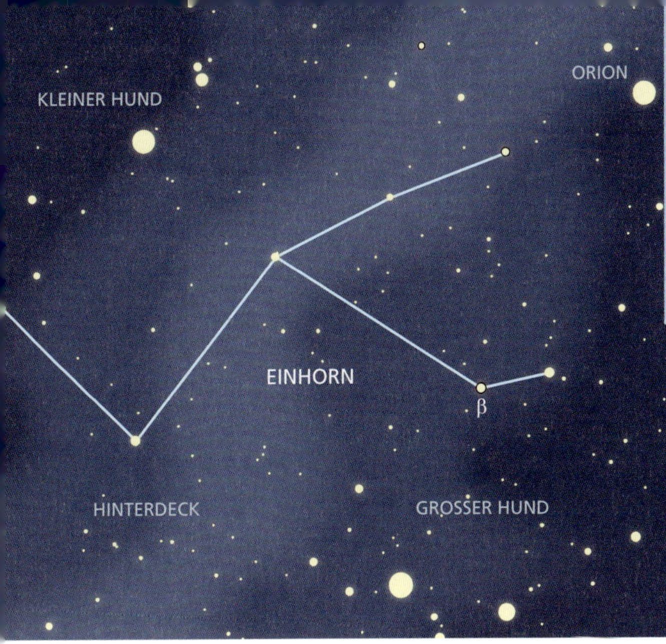

Einhorn

Monoceros (Mon)

Beste Sichtbarkeit November – April
Hellster Stern β Mon (3,8^{m}, 691 Lichtjahre entfernt)
Besonderheit Das Sternbild gehört nicht zu den 48 Figuren der griechischen Antike, sondern tauchte zuerst auf einem persischen Sternglobus und dann 1624 auf einer Sternkarte von Jakob Bartsch auf.

→ **TYPISCH** **Das Sternbild Einhorn kulminiert im Januar gegen 24 Uhr. Es grenzt im Norden an den Kleinen Hund und die Zwillinge, im Westen an den Orion, im Süden an den Großen Hund und das Hinterdeck sowie im Osten an die Wasserschlange. Das Sternbild ist nördlich von 79 Grad und südlich von -78 Grad geografischer Breite nicht vollständig sichtbar. Mit einer Fläche von 482 Quadratgrad steht es in der nach Größe sortierten Liste der Sternbilder auf Platz 35.**

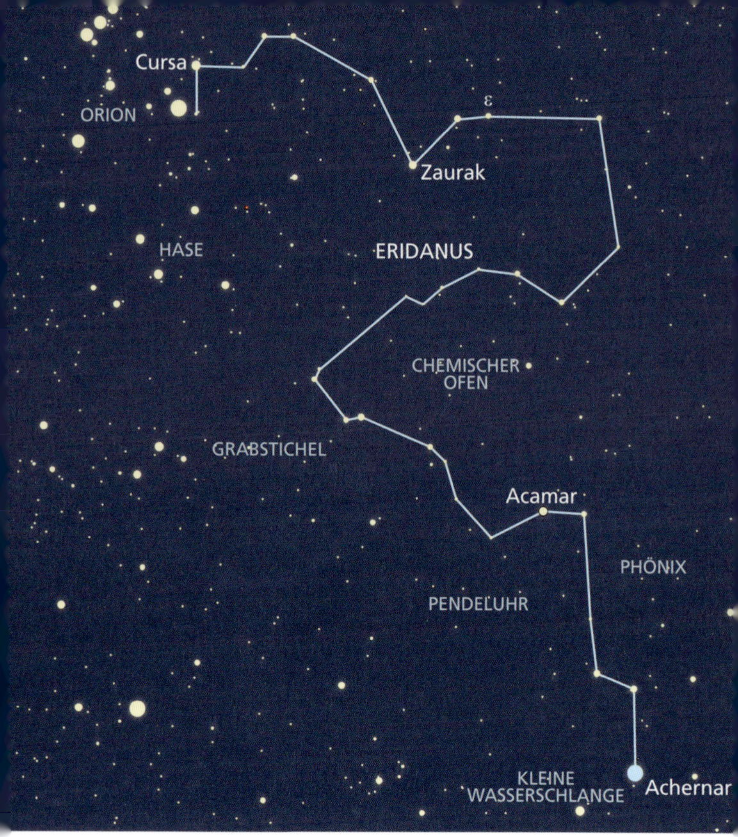

Eridanus

Eridanus (Eri)

Beste Sichtbarkeit November – Februar
Hellster Stern α Eri – Achernar (0,5^{m}, 139 Lichtjahre entfernt)

→ TYPISCH **Das Sternbild Eridanus kulminiert im November gegen 24 Uhr. Es grenzt im Norden an den Orion, den Stier und den Walfisch, im Westen an den Walfisch, den Chemischen Ofen und den Phönix, im Süden an die Kleine Wasserschlange sowie im Osten an die Pendeluhr, den Grabstichel, den Hasen und den Orion. Das Sternbild ist nördlich von 32 Grad geografischer Breite nicht mehr vollständig sichtbar. Mit einer Fläche von 1138 Quadratgrad steht es in der nach Größe sortierten Liste auf Platz 6.**

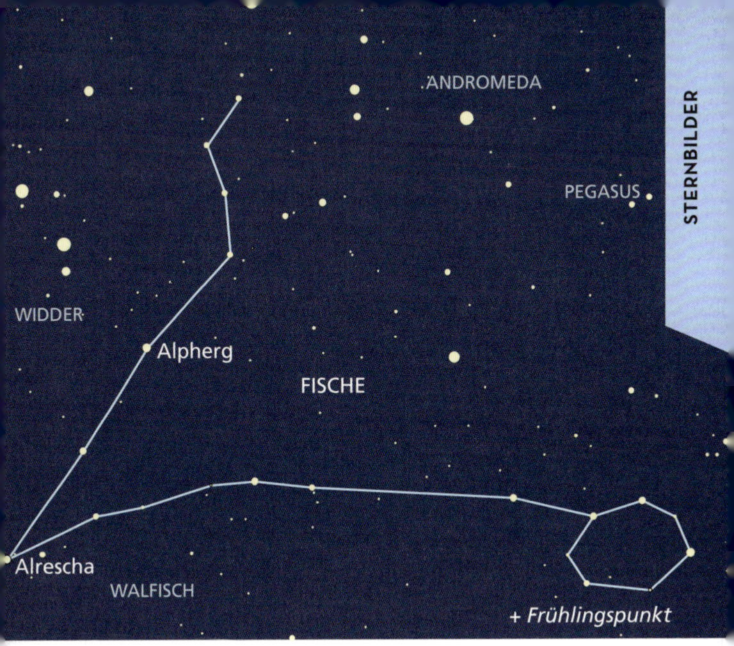

Fische

Pisces (Psc)

Beste Sichtbarkeit August – Februar
Hellster Stern η Psc – Alpherg (3,6^{m}, 294 Lichtjahre entfernt)
Besonderheit Im Westteil der Fische liegt heute der Frühlingspunkt, jene Stelle am Himmel, an der die Sonne auf ihrem Weg entlang der Ekliptik alljährlich um den 20. März den Himmelsäquator nach Norden überquert.

→ TYPISCH Das Sternbild Fische kulminiert im September/Oktober gegen 24 Uhr. Es grenzt im Norden an die Andromeda und den Pegasus, im Westen an den Pegasus und den Wassermann, im Süden an den Wassermann und den Walfisch sowie im Osten an den Walfisch, den Widder und das Dreieck. Das äquatornahe Sternbild ist nördlich von 84 Grad und südlich von −56 Grad geografischer Breite nicht vollständig sichtbar. Mit einer Fläche von 889 Quadratgrad steht es in der nach Größe sortierten Liste der Sternbilder auf Platz 14.

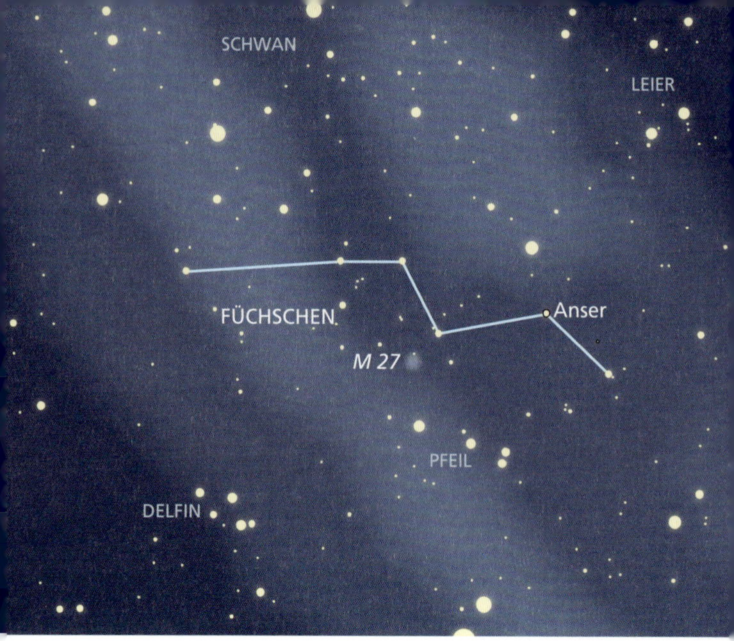

Füchschen

Vulpecula (Vul)

Beste Sichtbarkeit Mai – Januar
Hellster Stern α Vul – Anser ($4{,}4^m$, 297 Lichtjahre entfernt)
Hellster Nebel M 27 - Hantelnebel (7. Größenklasse)
Besonderheit Das Sternbild wurde erst im 17. Jahrhundert von Johannes Hevelius eingeführt und hieß ursprünglich »Fuchs mit Gans«; die Gans ist inzwischen »verlorengegangen«.

→ **TYPISCH** **Das Sternbild Füchschen kulminiert im Juli gegen 24 Uhr. Es grenzt im Norden an den Schwan und die Leier, im Westen an den Herkules, im Süden an den Pfeil und den Delfin sowie im Osten an den Pegasus. Das Sternbild ist nördlich von 71 Grad geografischer Breite zirkumpolar, jenseits von –61 Grad dagegen nicht mehr vollständig sichtbar. Mit einer Fläche von 268 Quadratgrad steht es in der nach Größe sortierten Liste der Sternbilder auf Platz 55.**

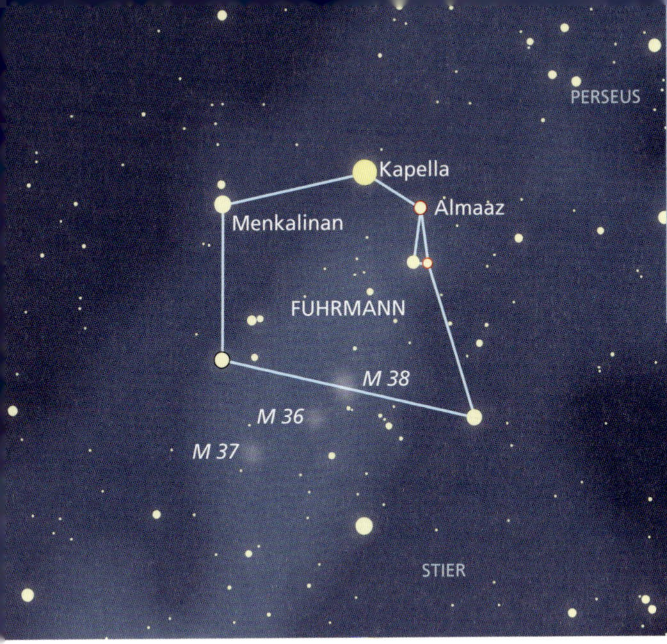

Fuhrmann

Auriga (Aur)

Beste Sichtbarkeit September – Mai
Hellster Stern α Aur – Kapella (0,1^{m}, 43 Lichtjahre entfernt)
Hellste Nebel M 36, M 37 und M 38 – drei offene Sternhaufen
Besonderheit Der Stern Kapella ist für Beobachter nördlich der Alpen zirkumpolar und kann in den Sommermonaten tief über dem Nordhorizont gefunden werden.

→ TYPISCH Das Sternbild Fuhrmann kulminiert im Dezember gegen 24 Uhr. Es grenzt im Norden an die Giraffe, im Westen an den Perseus, im Süden an den Stier und die Zwillinge sowie im Osten an den Luchs. Das Sternbild ist nördlich von 62 Grad geografischer Breite zirkumpolar, jenseits von -34 Grad dagegen nicht mehr vollständig sichtbar. Mit einer Fläche von 657 Quadratgrad steht es in der nach Größe sortierten Liste der Sternbilder auf Platz 21.

Füllen

Equuleus (Equ)

Beste Sichtbarkeit Juni – Dezember
Hellster Stern α Equ – Kitalphar (3,9^{m}, 190 Lichtjahre entfernt)
Besonderheit Das Füllen ist das kleinste Sternbild am nördlichen Himmel; noch kleiner ist nur das Kreuz des Südens am südlichen Himmel.

→ TYPISCH Das Sternbild Füllen kulminiert im August gegen 24 Uhr. Es grenzt im Norden an den Pegasus und im Süden an den Wassermann. Das Sternbild ist nördlich von 88 Grad geografischer Breite zirkumpolar, jenseits von -77 Grad dagegen nicht mehr vollständig sichtbar. Mit einer Fläche von 72 Quadratgrad steht es in der nach Größe sortierten Liste der Sternbilder auf Platz 87.

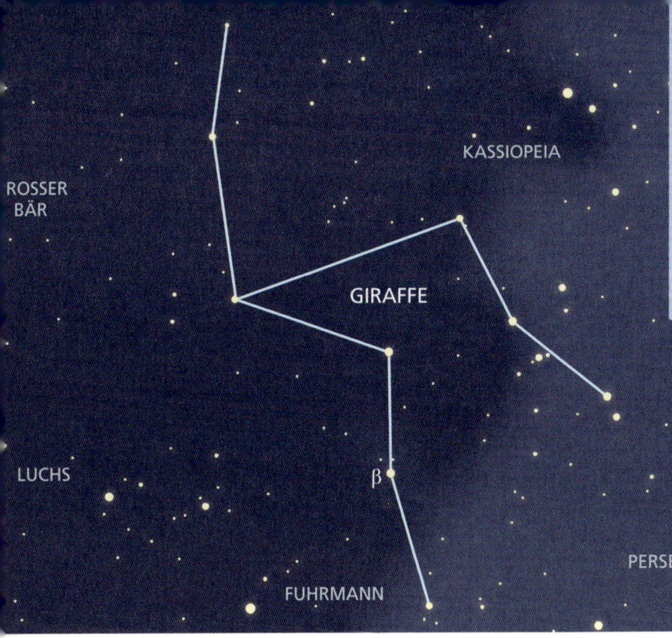

Giraffe

Camelopardalis

Beste Sichtbarkeit August – April
Hellster Stern β Cam (4,0^m, 870 Lichtjahre entfernt)
Besonderheit Das Sternbild wurde in der zweiten Hälfte des 17. Jahrhunderts von Johannes Hevelius eingeführt.

→ TYPISCH Das Sternbild Giraffe kulminiert im Dezember gegen 24 Uhr. Es grenzt im Norden an den Kleinen Bären und den Kepheus, im Westen an die Kassiopeia, im Süden an den Perseus, den Fuhrmann und den Luchs sowie im Osten an den Großen Bären, den Drachen und den Kleinen Bären. Das Sternbild ist nördlich von 37 Grad zirkumpolar, jenseits von -4 Grad dagegen nicht mehr vollständig sichtbar. Mit einer Fläche von 757 Quadratgrad steht es in der nach Größe sortierten Liste der Sternbilder auf Platz 18.

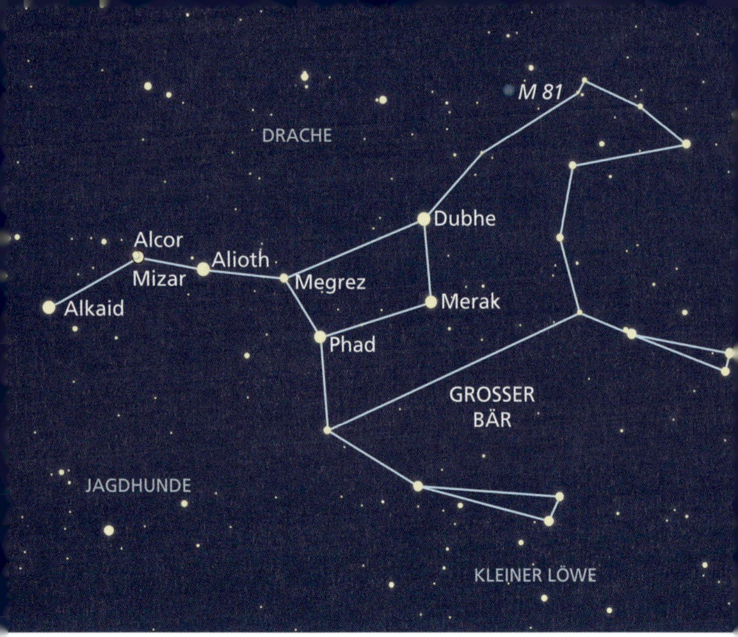

Großer Bär

Ursa Major (UMa)

Beste Sichtbarkeit ganzjährig
Hellster Stern α UMa – Dubhe ($1{,}8^m$, 124 Lichtjahre entfernt)
Besonderheit Die sechs hellsten Sterne des Großen Bären formen zusammen mit Megrez die Umrisse des Großen Wagens. Neben dem mittleren Deichselstern steht im Abstand von 1/3 Vollmonddurchmesser ein blasser Begleiter, Alcor oder auch »Reiterlein« genannt.

→ TYPISCH Das Sternbild Großer Bär kulminiert im März gegen 24 Uhr. Es grenzt im Norden an den Drachen und die Giraffe, im Westen an die Giraffe und den Luchs, im Süden an den Kleinen Löwen, den Löwen und die Jagdhunde sowie im Osten an das Haar der Berenike, die Jagdhunde, den Rinderhirten und den Drachen. Das Sternbild ist nördlich von 62 Grad geografischer Breite zirkumpolar, jenseits von –17 Grad dagegen nicht mehr vollständig sichtbar. Mit einer Fläche von 1280 Quadratgrad steht es in der nach Größe sortierten Liste der Sternbilder auf Platz 3.

Großer Hund

Canis Major (CMa)

Beste Sichtbarkeit Dezember – März
Hellster Stern α CMa – Sirius ($-1{,}4^{m}$, 9 Lichtjahre entfernt)
Besonderheit Der Hauptstern Sirius ist der hellste Fixstern am irdischen Himmel – aber nur wegen seiner geringen Entfernung. Zahlreiche andere Sterne leuchten viel heller als er, sind aber auch viel weiter entfernt.

→ **TYPISCH Das Sternbild Großer Hund kulminiert im Januar gegen 24 Uhr. Es grenzt im Norden an das Einhorn, im Westen an den Hasen und die Taube, im Süden an die Taube und das Hinterdeck sowie im Osten an das Hinterdeck. Das Sternbild ist südlich von -79 Grad geografischer Breite zirkumpolar, nördlich von 57 Grad ist es dagegen nicht mehr vollständig sichtbar. Mit einer Fläche von 380 Quadratgrad steht es in der nach Größe sortierten Liste der Sternbilder auf Platz 43.**

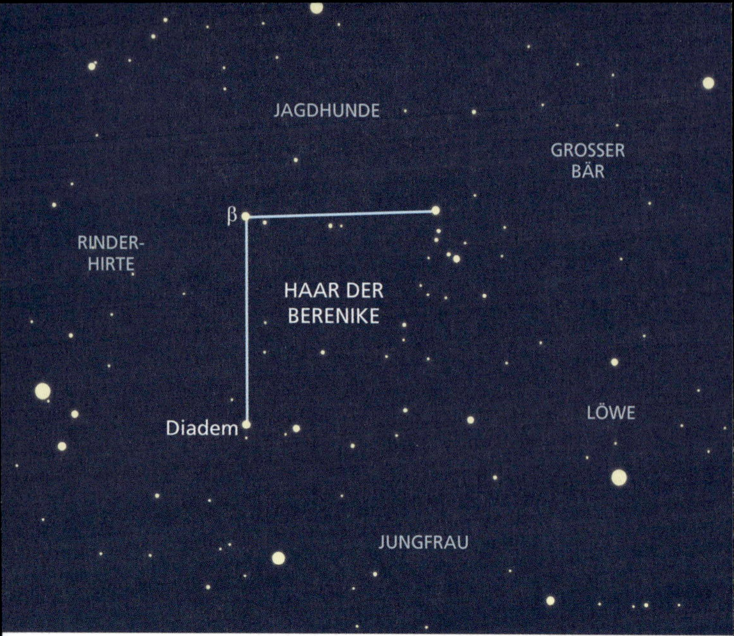

Haar der Berenike

Coma Berenices (Com)

Beste Sichtbarkeit Januar – Juli
Hellster Stern β Com (4,2^m, 30 Lichtjahre entfernt)
Besonderheit In Blickrichtung zum Sternbild liegt ein rund 300 Millionen Lichtjahre entfernter Galaxienhaufen, der weit über 1000 Galaxien umfasst.

→ TYPISCH Das Sternbild Haar der Berenike kulminiert im April gegen 24 Uhr. Es grenzt im Norden an die Jagdhunde, im Westen an den Großen Bären und den Löwen, im Süden an die Jungfrau sowie im Osten an den Rinderhirten. Das Sternbild ist nördlich von 77 Grad geografischer Breite zirkumpolar, jenseits von -56 Grad dagegen nicht mehr vollständig sichtbar. Mit einer Fläche von 386 Quadratgrad steht es in der nach Größe sortierten Liste der Sternbilder auf Platz 42.

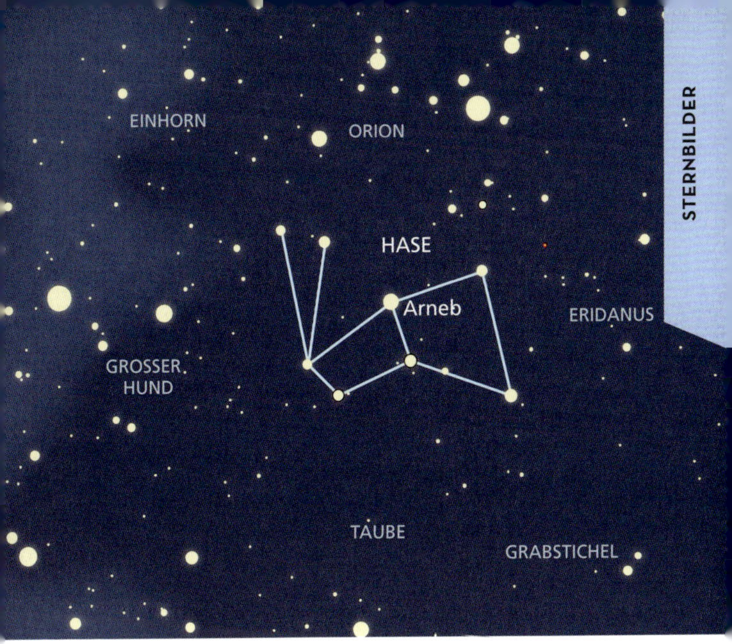

Hase

Lepus (Lep)

Beste Sichtbarkeit November – März
Hellster Stern α Lep – Arneb (2,6^m, 2000 Lichtjahre entfernt)
Besonderheit Der Hauptstern Arneb leuchtet mehr als 400-mal heller als Sirius, ist aber auch mehr als 200-mal so weit entfernt wie dieser und erscheint entsprechend dunkler.

→ **TYPISCH Das Sternbild Hase kulminiert im Dezember gegen 24 Uhr. Es grenzt im Norden an das Einhorn und den Orion, im Westen an den Eridanus, im Süden an den Grabstichel und die Taube sowie im Osten an den Großen Hund. Das Sternbild ist südlich von -78 Grad geografischer Breite zirkumpolar, nördlich von 63 Grad dagegen nicht mehr vollständig sichtbar. Mit einer Fläche von 290 Quadratgrad steht es in der nach Größe sortierten Liste der Sternbilder auf Platz 51.**

Herkules

Hercules (Her)

Beste Sichtbarkeit März – November
Hellster Stern α Her – Rasalgethi (2,8^m, 382 Lichtjahre entfernt)
Besonderheit M 13 – kugelförmiger Sternhaufen (5,9^m), im Fernglas als verschwommen erscheinender Nebelfleck zu sehen, im Fernrohr Randpartien bei starker Vergrößerung in Sterne ab 11. Größe aufzulösen.

→ TYPISCH Das Sternbild Herkules kulminiert im Juni gegen 24 Uhr. Es grenzt im Norden an den Drachen, im Westen an den Rinderhirten, die Nördliche Krone und die Schlange, im Süden an den Schlangenträger sowie im Osten an den Adler, den Pfeil, das Füchschen und die Leier. Das Sternbild ist nördlich von 86 Grad geografischer Breite zirkumpolar, jenseits von -29 Grad dagegen nicht mehr vollständig sichtbar. Mit einer Fläche von 1225 Quadratgrad steht es in der nach Größe sortierten Liste der Sternbilder auf Platz 5.

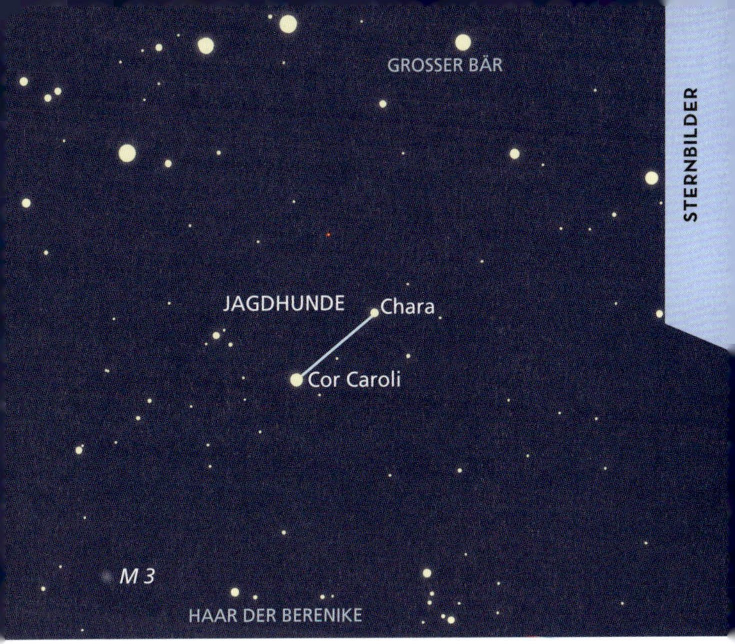

Jagdhunde

Canes Venatici (CVn)

Beste Sichtbarkeit Dezember – August
Hellster Stern α CVn – Cor Caroli (2,9^m, 110 Lichtjahre entfernt)
Besonderheit M 3 – kugelförmiger Sternhaufen (6,4^m), im Fernglas als Nebelfleck zu erkennen, Randgebiete im Fernrohr bei starker Vergrößerung aufzulösen.

→ TYPISCH Das Sternbild Jagdhunde kulminiert im April gegen 24 Uhr. Es grenzt im Norden und Westen an den Großen Bären, im Süden an das Haar der Berenike sowie im Osten an den Rinderhirten. Das Sternbild ist nördlich von 62 Grad geografischer Breite zirkumpolar, jenseits von -38 Grad dagegen nicht mehr vollständig sichtbar. Mit einer Fläche von 465 Quadratgrad steht es in der nach Größe sortierten Liste der Sternbilder auf Platz 38.

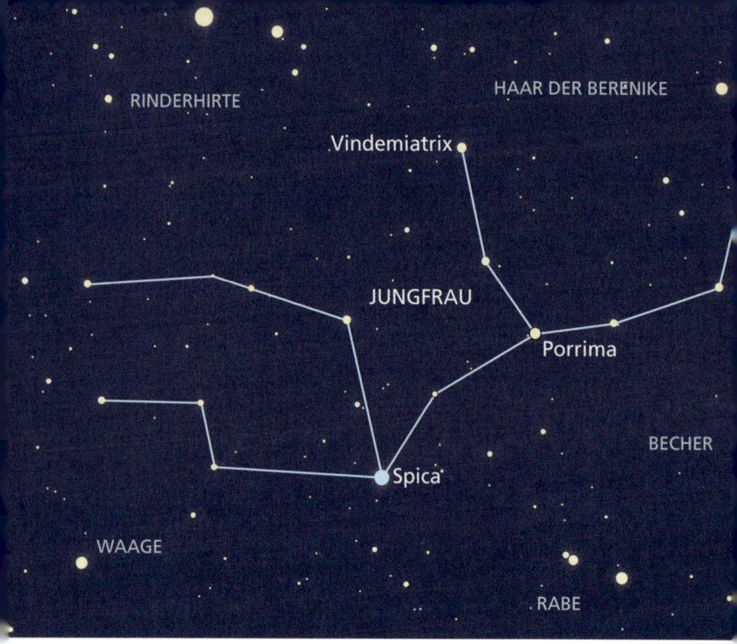

Jungfrau

Virgo (Vir)

Beste Sichtbarkeit März – Juli
Hellster Stern α Vir – Spica (1,0^{m}, 250 Lichtjahre entfernt)
Besonderheit In Blickrichtung Sternbild Jungfrau befindet sich in rund 55 Millionen Lichtjahren Entfernung ein Galaxienhaufen (»Virgohaufen«), der weit mehr als 1000 Galaxien umfasst.

→ TYPISCH Das Sternbild Jungfrau kulminiert im April gegen 24 Uhr. Es grenzt im Norden an den Rinderhirten, das Haar der Berenike und den Löwen, im Westen an den Löwen und den Becher, im Süden an den Becher, den Raben, die Wasserschlange und die Waage sowie im Osten an die Waage und die Schlange. Das äquatornahe Sternbild ist nördlich von 67 Grad und südlich von -75 Grad geografischer Breite nicht vollständig sichtbar. Mit einer Fläche von 1294 Quadratgrad steht es in der nach Größe sortierten Liste der Sternbilder auf Platz 2.

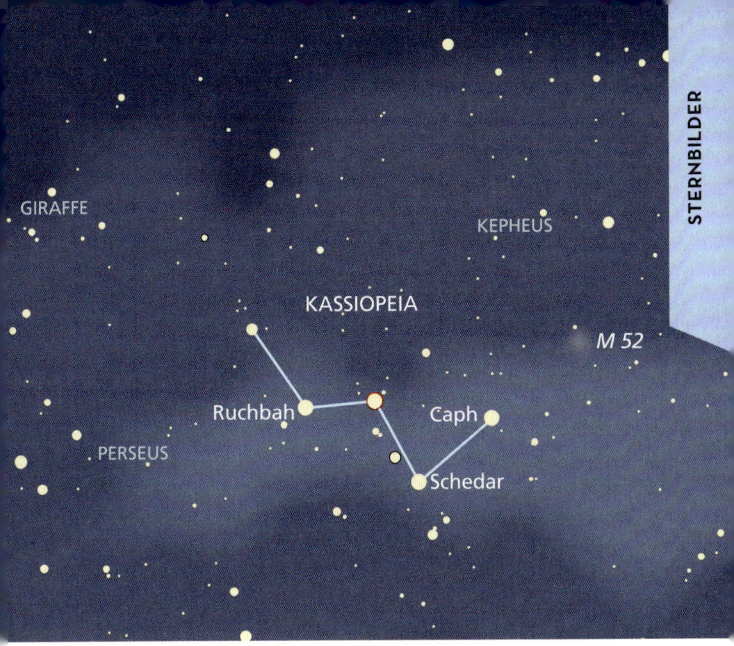

Kassiopeia

Cassiopeia (Cas)

Beste Sichtbarkeit ganzjährig
Hellster Stern α Cas – Schedar (2,2^{m}, 228 Lichtjahre entfernt)
Besonderheit In der Kassiopeia beobachtete Tycho Brahe im Herbst 1572 einen »neuen Stern«, der nach einigen Monaten wieder verschwand. Heute steht dort ein Supernova-Überrest.

→ **TYPISCH** **Das Sternbild Kassiopeia kulminiert im Oktober gegen 24 Uhr. Es grenzt im Norden an den Kepheus, im Westen an den Kepheus und die Eidechse, im Süden an die Andromeda und den Perseus sowie im Osten an die Giraffe. Das Sternbild ist nördlich von 44 Grad geografischer Breite zirkumpolar, jenseits von -12 Grad dagegen nicht mehr vollständig sichtbar. Mit einer Fläche von 598 Quadratgrad steht es in der nach Größe sortierten Liste der Sternbilder auf Platz 25.**

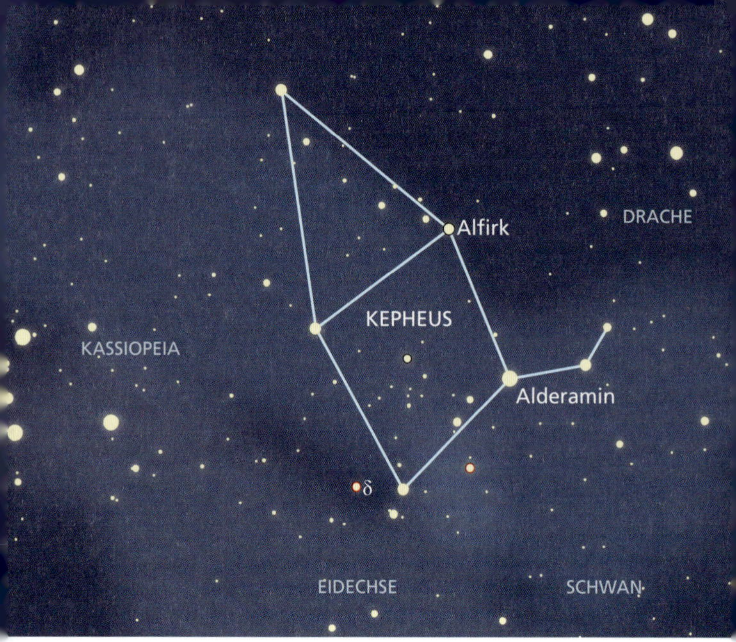

Kepheus

Cepheus (Cep)

Beste Sichtbarkeit ganzjährig
Hellster Stern α Cep – Alderamin (2,5^m, 49 Lichtjahre entfernt)
Besonderheit Bei »Pulsationsveränderlichen« wie δ Cep dehnt sich die äußere Hülle regelmäßig aus und zieht sich anschließend wieder zusammen.

→ TYPISCH Das Sternbild Kepheus kulminiert im August/September gegen 24 Uhr. Es grenzt im Norden an den Kleinen Bären, im Westen an den Drachen, im Süden an den Schwan und die Eidechse sowie im Osten an die Kassiopeia und die Giraffe. Das Sternbild ist nördlich von 37 Grad geografischer Breite zirkumpolar, jenseits von -2 Grad dagegen nicht mehr vollständig sichtbar. Mit einer Fläche von 588 Quadratgrad steht es in der nach Größe sortierten Liste der Sternbilder auf Platz 27.

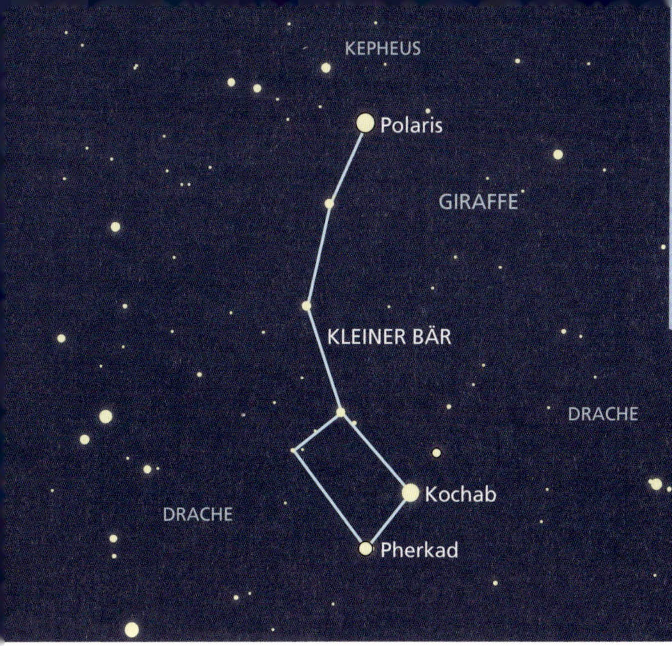

Kleiner Bär

Ursa Minor (UMi)

Beste Sichtbarkeit ganzjährig
Hellster Stern α UMi – Polaris ($2{,}0^m$, 433 Lichtjahre entfernt)
Besonderheit Der Polarstern (Polaris) weist nur vorübergehend die Nordrichtung. Der Abstand zwischen Himmelspol und Polarstern schrumpft bis zum Beginn des 22. Jahrhunderts noch bis auf 0,46 Grad und nimmt dann wieder langsam zu.

→ TYPISCH Das Sternbild Kleiner Bär kulminiert im Mai gegen 24 Uhr. Es grenzt im Westen an die Giraffe und den Drachen, im Süden und Osten an den Drachen sowie im Norden an den Kepheus. Das Sternbild ist nördlich von 26 Grad geografischer Breite zirkumpolar, südlich des Äquators dagegen nicht mehr vollständig sichtbar. Mit einer Fläche von 256 Quadratgrad steht es in der nach Größe sortierten Liste der Sternbilder auf Platz 56.

Kleiner Hund

Canis Minor (CMi)

Beste Sichtbarkeit November – Mai
Hellster Stern α CMi – Procyon ($0{,}4^m$, 11 Lichtjahre entfernt)
Besonderheit Procyon, der hellste Stern im Kleinen Hund, gehört zu den 20 nächsten Nachbarsternen der Sonne; er wird von einem weißen Zwergstern begleitet.

→ TYPISCH Das Sternbild Kleiner Hund kulminiert im Januar gegen 24 Uhr. Es grenzt im Norden an die Zwillinge, im Westen an das Einhorn, im Süden an das Einhorn sowie im Osten an die Wasserschlange und den Krebs. Das Sternbild ist nur am Nordpol zirkumpolar, jenseits von –77 Grad geografischer Breite dagegen nicht mehr vollständig sichtbar. Mit einer Fläche von 183 Quadratgrad steht es in der nach Größe sortierten Liste der Sternbilder auf Platz 71.

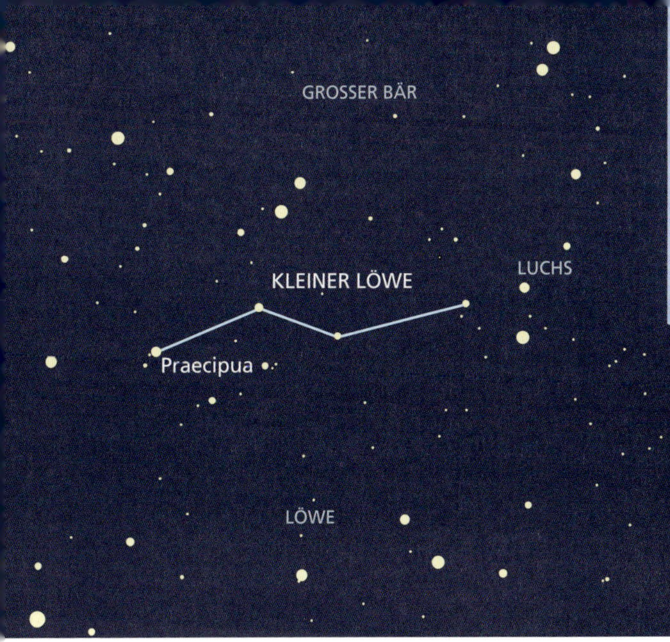

Kleiner Löwe

Leo Minor (LMi)

Beste Sichtbarkeit Dezember – Juni
Hellster Stern 46 LMi – Praecipua (3,8^{m}, 95 Lichtjahre entfernt)
Besonderheit Das Sternbild wurde erst in der zweiten Hälfte des 17. Jahrhunderts von Johannes Hevelius eingeführt.

→ **TYPISCH** **Das Sternbild Kleiner Löwe kulminiert im Februar/März gegen 24 Uhr. Es grenzt im Norden an den Großen Bären, im Westen an den Luchs, im Süden an den Löwen sowie im Osten an den Großen Bären. Das Sternbild ist nördlich von 67 Grad geografischer Breite zirkumpolar, jenseits von -48 Grad dagegen nicht mehr vollständig sichtbar. Mit einer Fläche von 232 Quadratgrad steht es in der nach Größe sortierten Liste der Sternbilder auf Platz 64.**

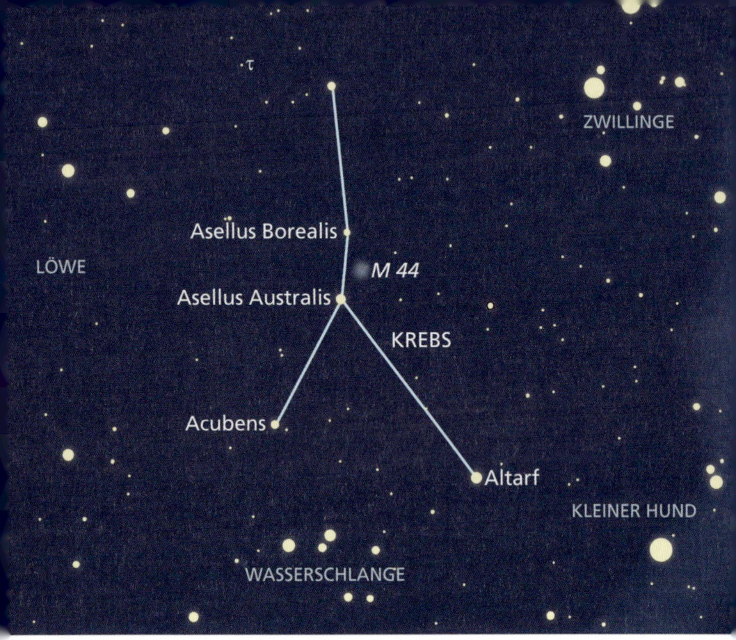

Krebs

Cancer (Cnc)

Beste Sichtbarkeit Dezember – Juni
Hellster Stern β Cnc – Altarf ($3{,}5^m$, 295 Lichtjahre entfernt)
Besonderheit M 44 – Praesepe, offener Haufen, dessen hellste Sterne der 6. Größenklasse angehören.

→ TYPISCH Das Sternbild Krebs kulminiert im Januar/Februar gegen 24 Uhr. Es grenzt im Norden an den Luchs, im Westen an die Zwillinge und den Kleinen Hund, im Süden an die Wasserschlange sowie im Osten an den Löwen. Das Sternbild ist nördlich von 84 Grad geografischer Breite zirkumpolar, jenseits von -57 Grad dagegen nicht mehr vollständig sichtbar. Mit einer Fläche von 506 Quadratgrad steht es in der nach Größe sortierten Liste der Sternbilder auf Platz 31.

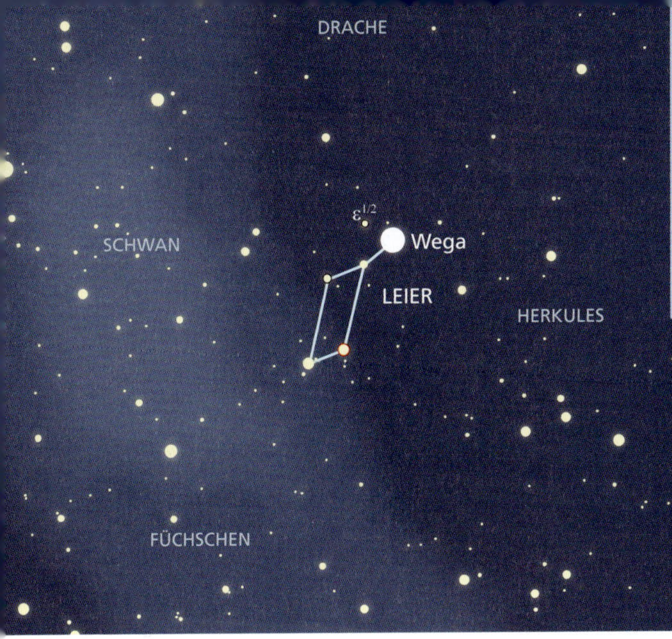

Leier

Lyra (Lyr)

Beste Sichtbarkeit April – Januar
Hellster Stern α Lyr – Wega (0,0^m, 25 Lichtjahre entfernt)
Besonderheit Doppelstern $\varepsilon^1/\varepsilon^2$ Lyr (4,8^m/4,6^m, Distanz 209 Bogensekunden, mit guten Augen getrennt zu erkennen), erscheint in einem Fernrohr bei ausreichender Vergrößerung als Vierfachstern.

→ **TYPISCH Das Sternbild Leier kulminiert im Juli gegen 24 Uhr. Es grenzt im Norden an den Drachen, im Westen an den Herkules, im Süden an den Herkules und das Füchschen sowie im Osten an den Schwan. Das Sternbild ist nördlich von 65 Grad geografischer Breite zirkumpolar, jenseits von -42 Grad dagegen nicht mehr vollständig sichtbar. Mit einer Fläche von 286 Quadratgrad steht es in der nach Größe sortierten Liste der Sternbilder auf Platz 52.**

Löwe

Leo (Leo)

Beste Sichtbarkeit Dezember – Mai
Hellster Stern α Leo – Regulus ($1{,}4^m$, 79 Lichtjahre entfernt)
Besonderheit Regulus liegt sehr nahe zur Ekliptik und wird gelegentlich vom Mond, selten auch von einem Planeten bedeckt.

→ TYPISCH Das Sternbild Löwe kulminiert im Februar/März gegen 24 Uhr. Es grenzt im Norden an den Großen Bären und den Kleinen Löwen, im Westen an den Krebs, im Süden an die Wasserschlange, den Sextanten und den Becher sowie im Osten an die Jungfrau und das Haar der Berenike. Das äquatornahe Sternbild ist nördlich von 83 Grad und jenseits von –56 Grad geografischer Breite nicht vollständig sichtbar. Mit einer Fläche von 947 Quadratgrad steht es in der nach Größe sortierten Liste der Sternbilder auf Platz 12.

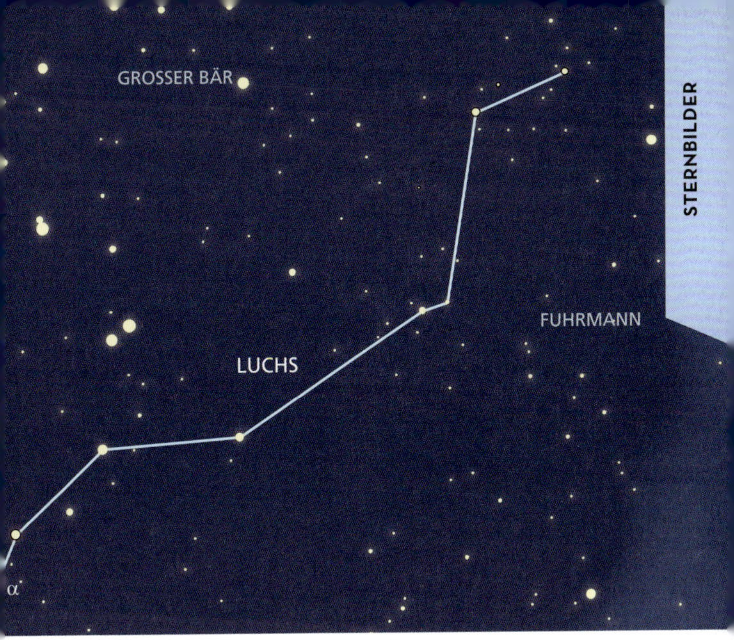

Luchs

Lynx (Lyn)

Beste Sichtbarkeit November – Mai
Hellster Stern α Lyn ($3{,}1^m$, 203 Lichtjahre entfernt)
Besonderheit Das Sternbild Luchs wurde in der zweiten Hälfte des 17. Jahrhunderts von Johannes Hevelius eingeführt.

→ TYPISCH Das Sternbild Luchs kulminiert im Januar gegen 24 Uhr. Es grenzt im Norden an den Großen Bären und die Giraffe, im Westen an die Giraffe und den Fuhrmann, im Süden an die Zwillinge und den Krebs sowie im Osten an den Kleinen Löwen und den Großen Bären. Das Sternbild ist nördlich von 57 Grad geografischer Breite zirkumpolar, jenseits von –28 Grad dagegen nicht mehr vollständig sichtbar. Mit einer Fläche von 545 Quadratgrad steht es in der nach Größe sortierten Liste der Sternbilder auf Platz 28.

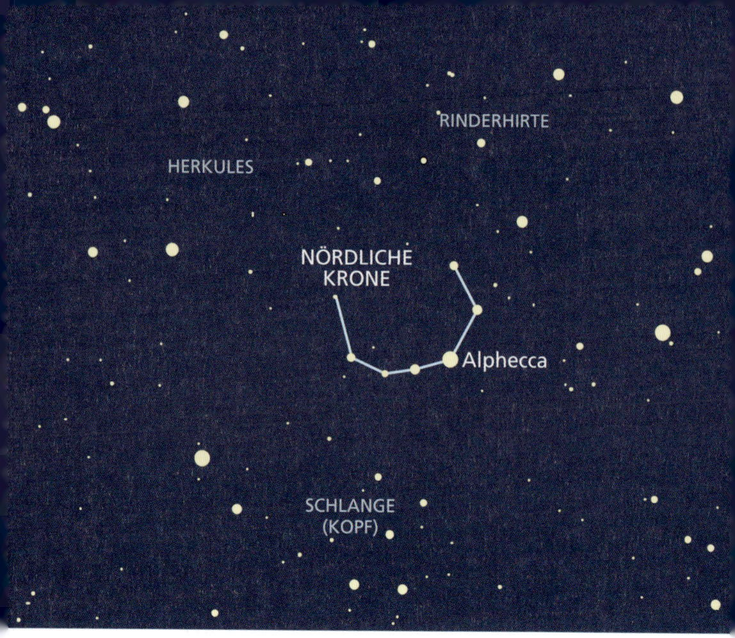

Nördliche Krone

Corona Borealis (CrB)

Beste Sichtbarkeit Februar – November
Hellster Stern α CrB – Alphecca (2,2^m, 75 Lichtjahre entfernt)
Besonderheit Der Hauptstern wird auch Gemma (lat. Edelstein) genannt und ist ein Bedeckungsveränderlicher mit einer Umlaufzeit von 17,3 Tagen, aber nur geringer Helligkeitsänderung.

→ TYPISCH **Das Sternbild Nördliche Krone kulminiert im Mai gegen 24 Uhr. Es grenzt im Norden an den Herkules und den Rinderhirten, im Westen an den Rinderhirten, im Süden an die Schlange sowie im Osten an den Herkules. Das Sternbild ist nördlich von 64 Grad geografischer Breite zirkumpolar, jenseits von -50 Grad dagegen nicht mehr vollständig sichtbar. Mit einer Fläche von 179 Quadratgrad steht es in der nach Größe sortierten Liste der Sternbilder auf Platz 73.**

Orion

Orion (Ori)

Beste Sichtbarkeit Oktober – April
Hellster Stern β Ori – Rigel (0,2^m, 863 Lichtjahre entfernt)
Besonderheit M 42 – Orionnebel, ein leuchtender Gasnebel (Sternentstehungsregion), der von bereits fertigen, heißen Sternen zum Leuchten angeregt wird.

→ TYPISCH Das Sternbild Orion kulminiert im Dezember gegen 24 Uhr. Es grenzt im Norden an den Stier, im Westen an den Stier und den Eridanus, im Süden an den Hasen sowie im Osten an das Einhorn und die Zwillinge. Das äquatornahe Sternbild ist nördlich von 79 Grad und südlich von -67 Grad geografischer Breite nicht vollständig sichtbar. Mit einer Fläche von 594 Quadratgrad steht es in der nach Größe sortierten Liste der Sternbilder auf Platz 26.

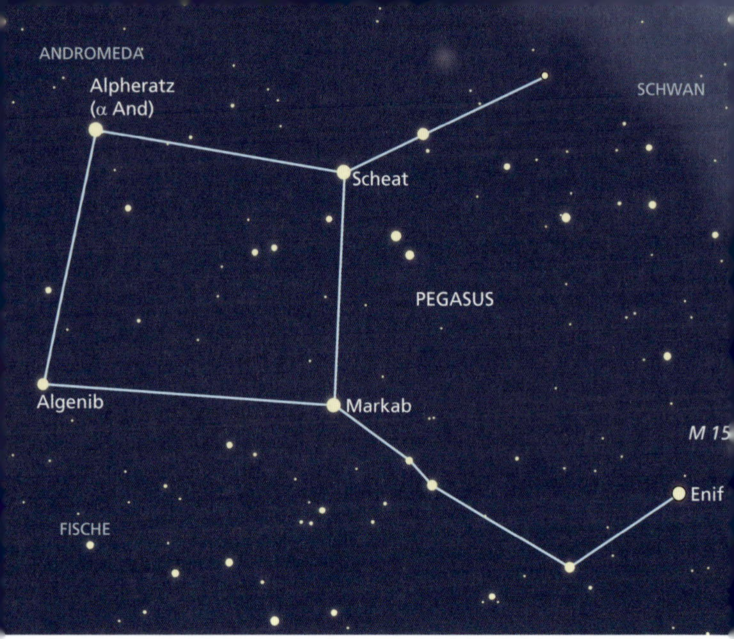

Pegasus

Pegasus (Peg)

Beste Sichtbarkeit Juli – Februar
Hellster Stern β Peg – Scheat ($2{,}4^m$, 196 Lichtjahre entfernt)
Besonderheit Das geflügelte Ross zieht kopfüber am Himmel entlang; die linke obere Ecke des »Rumpfes« gehört heute zum Sternbild Andromeda.

→ TYPISCH Das Sternbild Pegasus kulminiert im August/ September gegen 24 Uhr. Es grenzt im Norden an die Andromeda und die Eidechse, im Westen an den Schwan, das Füchschen, den Delfin und das Füllen, im Süden an den Wassermann und die Fische sowie im Osten an die Fische und die Andromeda. Das Sternbild ist nördlich von 88 Grad geografischer Breite zirkumpolar, jenseits von –53 Grad dagegen nicht mehr vollständig sichtbar. Mit einer Fläche von 1121 Quadratgrad steht es in der nach Größe sortierten Liste der Sternbilder auf Platz 7.

Perseus

Perseus (Per)

Beste Sichtbarkeit August – April
Hellster Stern α Per – Mirfak (1,8^m, 506 Lichtjahre entfernt)
Besonderheit β Per – Algol (2,1^m–3,2^m, Periode 2,87 Tage); h + χ, zwei benachbarte offene Sternhaufen mit jeweils etwa 300 Sternen der 7. bis 14. Größe.

→ TYPISCH Das Sternbild Perseus kulminiert im November gegen 24 Uhr. Es grenzt im Norden an die Giraffe und die Kassiopeia, im Westen an die Kassiopeia, die Andromeda und das Dreieck, im Süden an den Widder und den Stier sowie im Osten an den Fuhrmann. Das Sternbild ist nördlich von 59 Grad geografischer Breite zirkumpolar, jenseits von –31 Grad dagegen nicht mehr vollständig sichtbar. Mit einer Fläche von 615 Quadratgrad steht es in der nach Größe sortierten Liste der Sternbilder auf Platz 24.

Pfeil

Sagitta (Sge)

Beste Sichtbarkeit Mai – Dezember
Hellster Stern γ Sge ($3{,}5^m$, 288 Lichtjahre entfernt)
Besonderheit Wer diesen Pfeil abgeschossen hat und wem er galt, lässt sich heute nicht mehr eindeutig klären; es werden mehrere Möglichkeiten diskutiert.

→ TYPISCH Das Sternbild Pfeil kulminiert im Juli gegen 24 Uhr. Es grenzt im Norden an das Füchschen, im Süden an den Adler. Das Sternbild ist nördlich von 74 Grad geografischer Breite zirkumpolar, jenseits von -68 Grad dagegen nicht mehr vollständig sichtbar. Mit einer Fläche von 80 Quadratgrad steht es in der nach Größe sortierten Liste der Sternbilder auf Platz 86.

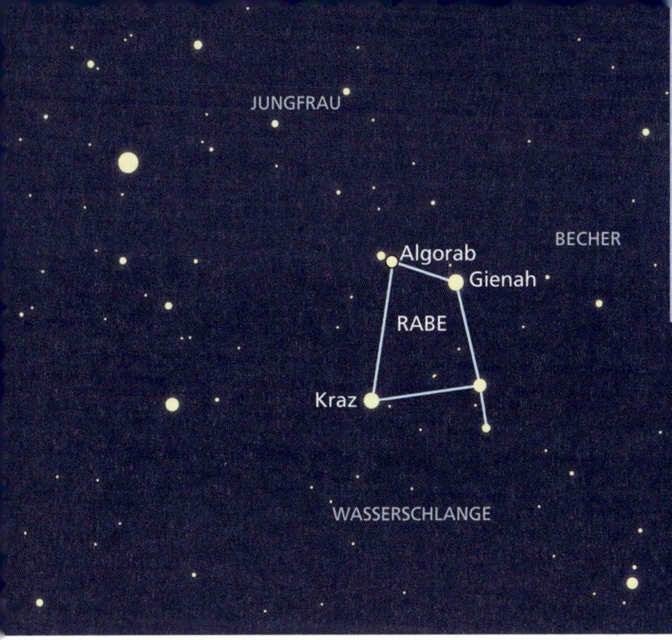

Rabe

Corvus (Crv)

Beste Sichtbarkeit März – Mai
Hellster Stern γ Crv – Gienah (2,6^{m}, 154 Lichtjahre entfernt)
Besonderheit In der chinesischen Astronomie bilden die helleren Sterne des Raben die Umrisse eines Streitwagens, der zu den 28 Wohnsitzen gehört.

→ TYPISCH Das Sternbild Rabe kulminiert im März/April gegen 24 Uhr. Es grenzt im Norden an die Jungfrau, im Westen an den Becher, im Süden an die Wasserschlange sowie im Osten an die Jungfrau. Das Sternbild ist südlich von -78 Grad geografischer Breite zirkumpolar, nördlich von 65 Grad dagegen nicht mehr vollständig sichtbar. Mit einer Fläche von 184 Quadratgrad steht es in der nach Größe sortierten Liste der Sternbilder auf Platz 70.

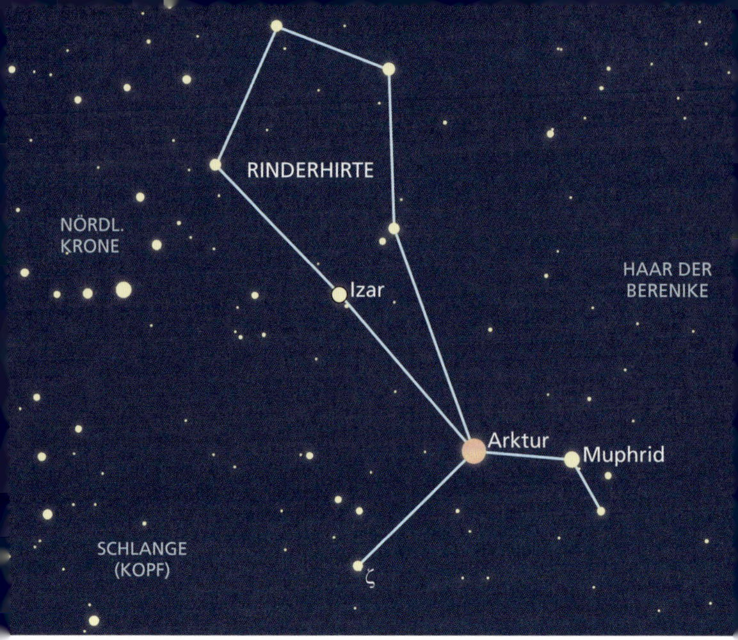

Rinderhirte

Bootes (Boo)

Beste Sichtbarkeit Februar – September
Hellster Stern α Boo – Arktur ($-0{,}1^m$, 37 Lichtjahre entfernt)
Besonderheit Arktur gehört zu den Sternen, die sich am Himmel besonders »schnell« bewegen: Innerhalb von rund 800 Jahren wandert er um einen Vollmonddurchmesser weiter.

→ TYPISCH Das Sternbild Rinderhirte kulminiert im April/Mai gegen 24 Uhr. Es grenzt im Norden an den Drachen und den Großen Bären, im Westen an die Jagdhunde, das Haar der Berenike und die Jungfrau, im Süden an die Jungfrau sowie im Osten an die Schlange und die Nördliche Krone. Das Sternbild ist nördlich von 83 Grad zirkumpolar, jenseits von –35 Grad dagegen nicht mehr vollständig sichtbar. Mit einer Fläche von 907 Quadratgrad steht es in der nach Größe sortierten Liste der Sternbilder auf Platz 13.

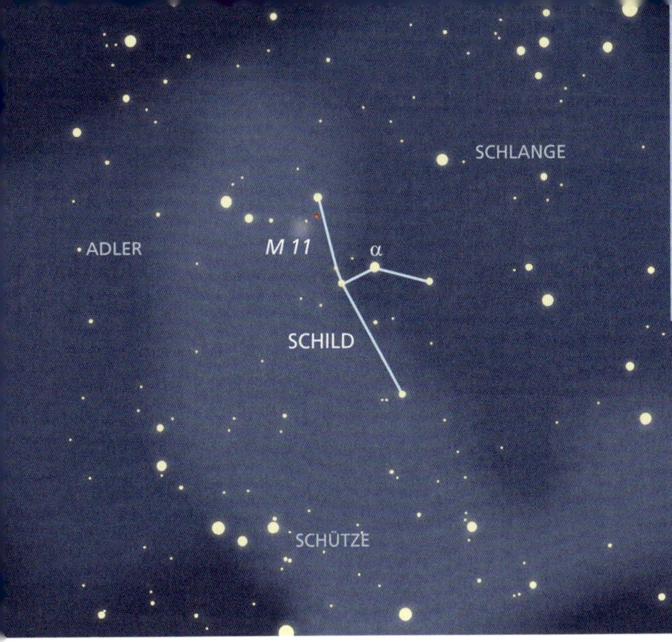

Schild

Scutum (Sct)

Beste Sichtbarkeit Mai – August
Hellster Stern α Sct (3,9ᵐ, 174 Lichtjahre entfernt)
Hellster Nebel M 11 – offener Sternhaufen (6. Größenklasse)
Besonderheit Im Sternbild Schild erkennt man mit einem Fernglas eine markante Sternenansammlung der Milchstraße, die sogenannte Schildwolke.

→ TYPISCH Das Sternbild Schild kulminiert im Juli gegen 24 Uhr. Es grenzt im Norden an den Adler und die Schlange, im Westen an die Schlange, im Süden an den Schützen sowie im Osten an den Adler. Das Sternbild ist südlich von –86 Grad geografischer Breite zirkumpolar, nördlich von 74 Grad dagegen nicht mehr vollständig sichtbar. Mit einer Fläche von 109 Quadratgrad steht es in der nach Größe sortierten Liste der Sternbilder auf Platz 84.

Schwanz der Schlange

Serpens Cauda (Ser)

Beste Sichtbarkeit Mai – November
Hellster Stern η Ser (3,2^m, 61 Lichtjahre entfernt)

→ TYPISCH **Das Teilsternbild Schwanz der Schlange kulminiert im Juni/Juli gegen 24 Uhr. Es grenzt im Norden und Westen an den Schlangenträger, im Süden an den Schützen sowie im Osten an den Schild und den Adler. Nördlich von 74 Grad und südlich von -84 Grad geografischer Breite ist es nicht vollständig sichtbar. Mit einer Gesamtfläche von 637 Grad steht es in der Liste der Sternbilder auf Platz 23.**

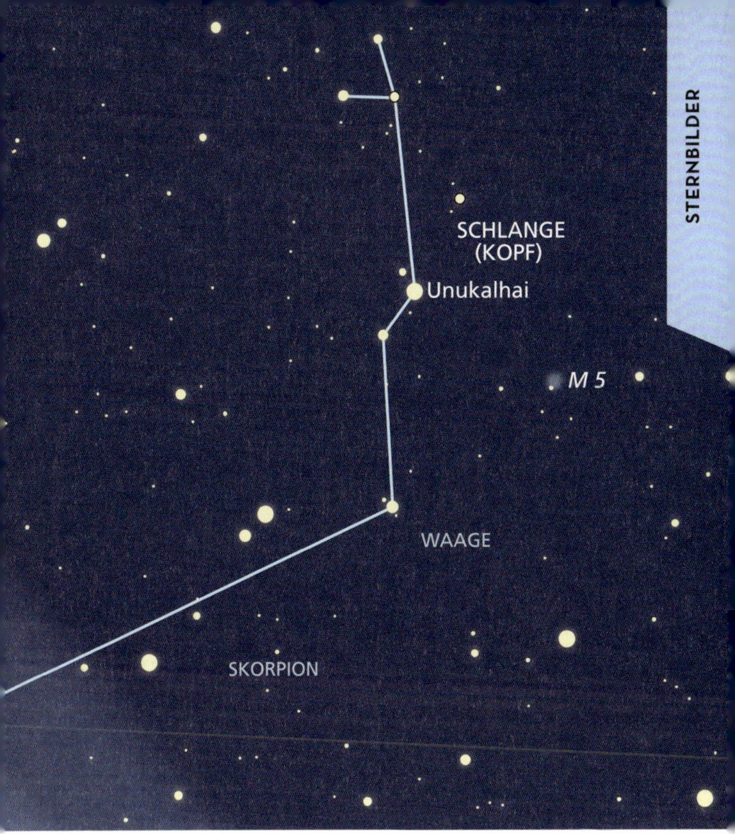

Kopf der Schlange

Serpens Caput (Ser)

Beste Sichtbarkeit März – September
Hellster Stern α Ser – Unukalhai ($2{,}6^m$, 74 Lichtjahre entfernt)

→ **TYPISCH Das Teilsternbild Kopf der Schlange kulminiert im Mai gegen 24 Uhr. Es grenzt im Norden an die Nördliche Krone, im Westen an den Rinderhirten und die Jungfrau, im Süden an die Waage sowie im Osten an den Schlangenträger und den Herkules. Das Teilsternbild ist nördlich von 87 Grad geografischer Breite zirkumpolar, jenseits von -65 Grad dagegen nicht mehr vollständig sichtbar.**

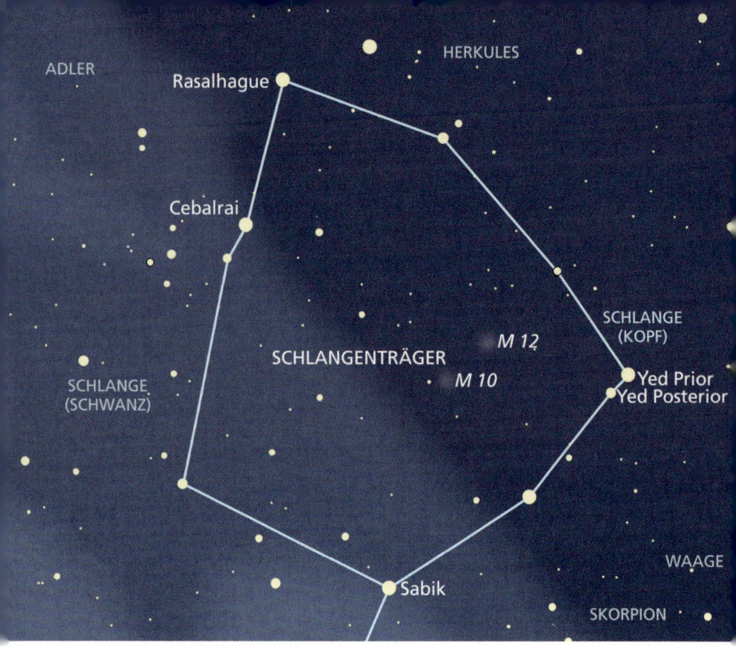

Schlangenträger

Ophiuchus (Oph)

Beste Sichtbarkeit Mai – September
Hellster Stern α Oph – Rasalhague ($2{,}1^m$, 47 Lichtjahre entfernt)
Hellste Nebel M 10 und M 12 – zwei Kugelsternhaufen ($6{,}6^m$ und $6{,}1^m$)
Besonderheit Im Sternbild Schlangenträger beobachtete Johannes Kepler 1604 eine Supernova.

→ TYPISCH Das Sternbild Schlangenträger kulminiert im Juni gegen 24 Uhr. Es grenzt im Norden an den Herkules, im Westen an die Schlange, die Waage und den Skorpion, im Süden an den Skorpion sowie im Osten an den Schützen, die Schlange und den Adler. Das Sternbild ist nördlich von 60 Grad und jenseits von -76 Grad geografischer Breite nicht vollständig sichtbar. Mit einer Fläche von 948 Quadratgrad steht es in der nach Größe sortierten Liste der Sternbilder auf Platz 11.

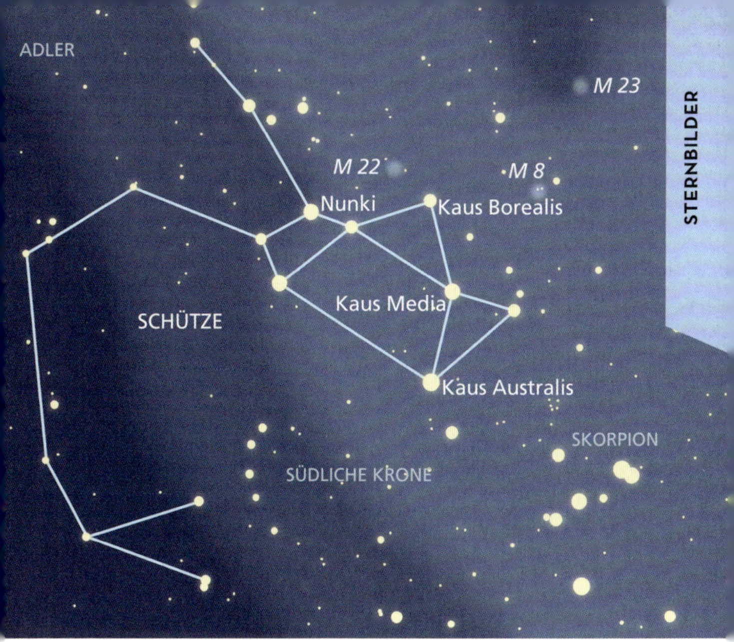

Schütze

Sagittarius (Sgr)

Beste Sichtbarkeit Juni – August
Hellster Stern ε Sgr – Kaus Australis (1,8^{m}, 143 Lichtjahre entfernt)
Besonderheit In Richtung zum Sternbild Schütze befindet sich das Zentrum der Milchstraße in einer Entfernung von rund 27 000 Lichtjahren.

→ TYPISCH Das Sternbild Schütze kulminiert im Juli gegen 24 Uhr. Es grenzt im Norden an den Adler, den Schild und die Schlange, im Westen an den Schlangenträger und den Skorpion, im Süden an die Südliche Krone und das Teleskop sowie im Osten an das Mikroskop und den Steinbock. Das Sternbild ist südlich von -78 Grad geografischer Breite zirkumpolar und nördlich von 45 Grad nicht mehr vollständig sichtbar. Mit einer Fläche von 867 Quadratgrad steht es in der nach Größe sortierten Liste der Sternbilder auf Platz 15.

Schwan

Cygnus (Cyg)

Beste Sichtbarkeit April – Januar
Hellster Stern α Cyg – Deneb (1,3^m, 1411 Lichtjahre entfernt)
Hellster Nebel M 39 – offener Sternhaufen (5. Größenklasse)
Besonderheit Der Doppelstern Albireo (β Cyg) kann schon mit einem lichtstarken Fernglas als farblich schön kontrastierendes Sternpaar erkannt werden.

→ TYPISCH Das Sternbild Schwan kulminiert im Juli/August gegen 24 Uhr. Es grenzt im Norden an den Kepheus und den Drachen, im Westen an den Drachen und die Leier, im Süden an das Füchschen und den Pegasus sowie im Osten an den Pegasus und die Eidechse. Das Sternbild ist nördlich von 62 Grad geografischer Breite zirkumpolar, jenseits von –29 Grad dagegen nicht mehr vollständig sichtbar. Mit einer Fläche von 804 Quadratgrad steht es in der nach Größe sortierten Liste der Sternbilder auf Platz 16.

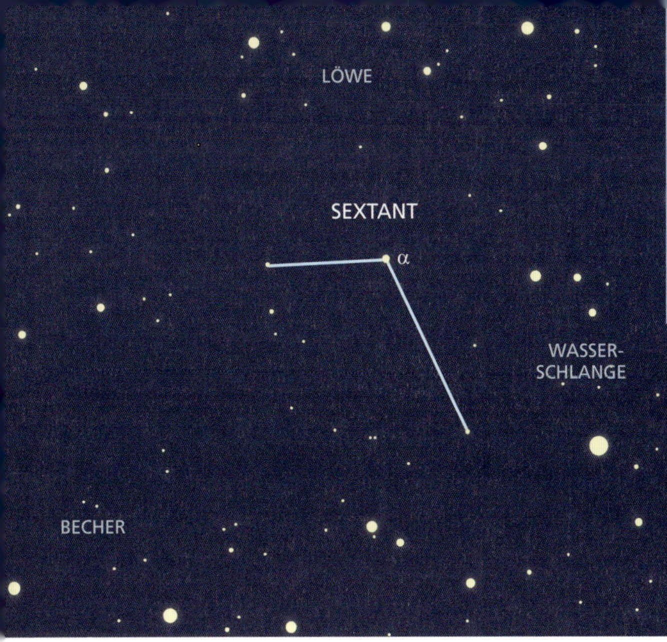

Sextant

Sextans (Sex)

Beste Sichtbarkeit Dezember – Mai
Hellster Stern α Sex (4,5^m, 283 Lichtjahre entfernt)
Besonderheit Das Sternbild Sextant wurde in der zweiten Hälfte des 17. Jahrhunderts von Johannes Hevelius eingeführt.

→ TYPISCH Das Sternbild Sextant kulminiert im Februar/März gegen 24 Uhr. Es grenzt im Norden an den Löwen, im Westen an die Wasserschlange, im Süden an die Wasserschlange sowie im Osten an den Becher und den Löwen. Das äquatornahe Sternbild ist nördlich von 78 Grad und südlich von -84 Grad geografischer Breite nicht vollständig sichtbar. Mit einer Fläche von 314 Quadratgrad steht es in der nach Größe sortierten Liste der Sternbilder auf Platz 47.

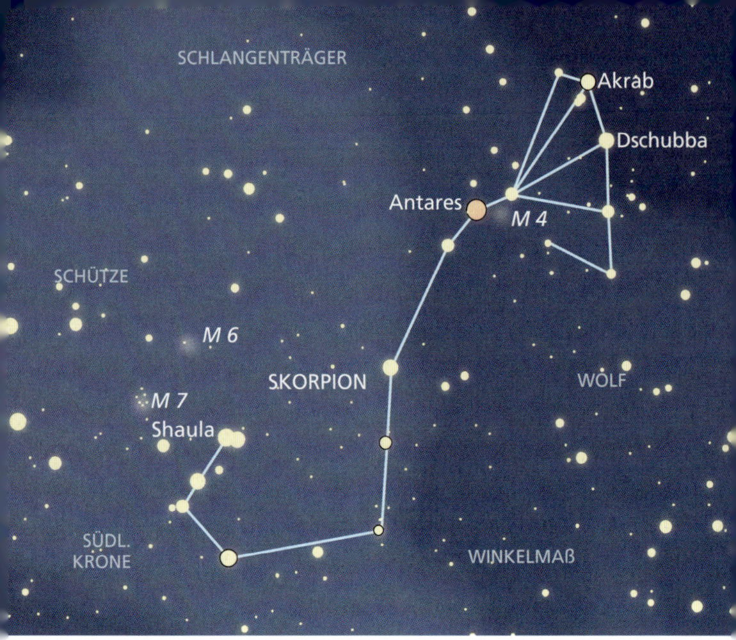

Skorpion

Scorpion (Sco)

Beste Sichtbarkeit Mai – Juli
Hellster Stern α Sco – Antares ($2{,}6^m$, 554 Lichtjahre entfernt)
Hellste Nebel M 6, M 7 und M 4 – zwei offene und ein Kugelsternhaufen
Besonderheit Die eigentlich charakteristischen Scheren des Skorpions wurden schon vor Jahrtausenden »abgetrennt« und zum Sternbild Waage geformt.

→ TYPISCH Das Sternbild Skorpion kulminiert im Juni gegen 24 Uhr. Es grenzt im Norden an den Schlangenträger, im Westen an die Waage und den Wolf, im Süden an das Winkelmaß und den Altar sowie im Osten an die Südliche Krone und den Schützen. Das Sternbild ist südlich von -82 Grad geografischer Breite zirkumpolar und nördlich von 44 Grad nicht mehr vollständig sichtbar. Mit einer Fläche von 497 Quadratgrad steht es in der nach Größe sortierten Liste der Sternbilder auf Platz 33.

Steinbock

Capricornus (Cap)

Beste Sichtbarkeit Juli – Dezember
Hellster Stern δ Cap – Deneb Algedi (2,8^{m}, 39 Lichtjahre entfernt)
Besonderheit Der Steinbock trug ursprünglich die Bezeichnung Ziegenfisch, wohl um zu zeigen, dass er vor Jahrtausenden noch zum himmlischen Feuchtbiotop gehörte.

→ TYPISCH Das Sternbild Steinbock kulminiert im August gegen 24 Uhr. Es grenzt im Norden an den Wassermann und den Adler, im Westen an den Adler und den Schützen, im Süden an den Schützen, das Mikroskop und den Südlichen Fisch sowie im Osten an den Wassermann. Das Sternbild ist südlich von –81 Grad geografischer Breite zirkumpolar, nördlich von 62 Grad dagegen nicht mehr vollständig sichtbar. Mit einer Fläche von 414 Quadratgrad steht es in der nach Größe sortierten Liste der Sternbilder auf Platz 40.

Stier

Taurus (Tau)

Beste Sichtbarkeit Dezember – Mai
Hellster Stern α Tau – Aldebaran ($0{,}9^m$, 67 Lichtjahre entfernt)
Besonderheit Der Stier enthält zwei Sternhaufen: Bei den Plejaden (Siebengestirn) sieht man mit bloßem Auge 6 bis 9 Sterne, im Fernglas mehr als 50, bei den Hyaden (Regengestirn) mit bloßem Auge etwa 20, im Fernglas mehr als 100 Sterne.

→ TYPISCH Das Sternbild Stier kulminiert im November/Dezember gegen 24 Uhr. Es grenzt im Norden an den Fuhrmann und den Perseus, im Westen an den Widder und den Walfisch, im Süden an den Eridanus und den Orion sowie im Osten an den Orion und die Zwillinge. Das Sternbild ist nördlich von 89 Grad und südlich von -59 Grad geografischer Breite nicht vollständig sichtbar. Mit einer Fläche von 797 Quadratgrad steht es in der nach Größe sortierten Liste auf Platz 17.

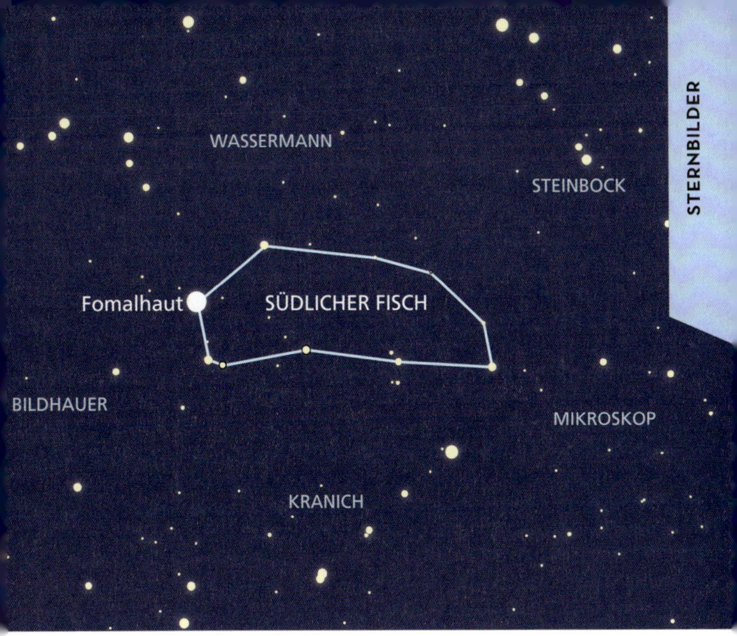

Südlicher Fisch

Piscis Austrinus (PsA)

Hellster Stern α PsA – Fomalhaut (1,2^{m}, 25 Lichtjahre entfernt)
Besonderheit Beim Stern Fomalhaut konnte eine ausgedehnte Staubscheibe nachgewiesen werden; darüber hinaus gibt es Hinweise auf die Existenz eines Planeten.

→ TYPISCH Das Sternbild Südlicher Fisch kulminiert im August/September gegen 24 Uhr. Es grenzt im Norden an den Wassermann und den Steinbock, im Westen an den Steinbock und das Mikroskop, im Süden an den Kranich sowie im Osten an den Bildhauer. Das Sternbild ist südlich von –65 Grad geografischer Breite zirkumpolar, nördlich von 54 Grad dagegen nicht mehr vollständig sichtbar. Mit einer Fläche von 245 Quadratgrad steht es in der nach Größe sortierten Liste der Sternbilder auf Platz 60.

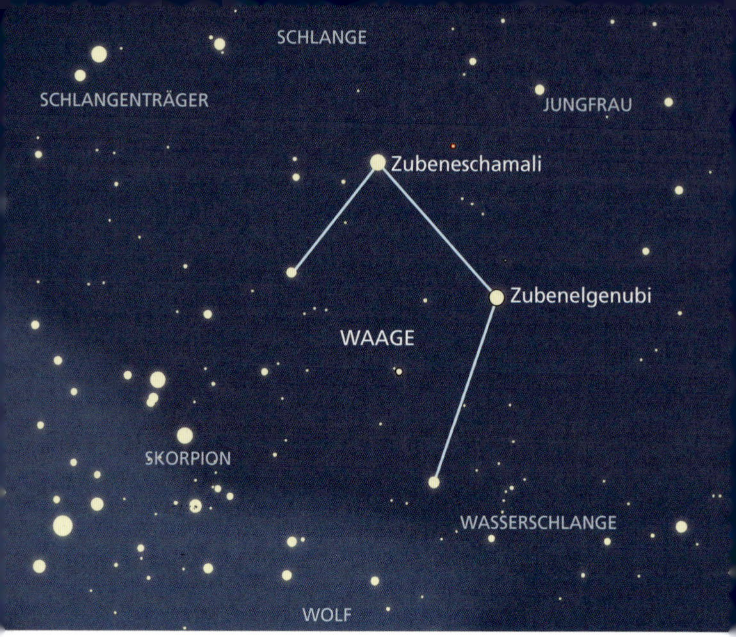

Waage

Libra (Lib)

Beste Sichtbarkeit April – Juli
Hellster Stern β Lib – Zubeneschamali (2,6^{m}, 160 Lichtjahre)
Besonderheit Die Sterne der Waage markierten ursprünglich die Scheren des nachfolgenden Skorpions; daran erinnern die Namen Zubeneschamali (nördliche Schere) und Zubenelgenubi (südliche Schere).

→ TYPISCH Das Sternbild Waage kulminiert im Mai gegen 24 Uhr. Es grenzt im Norden an die Schlange und die Jungfrau, im Westen an die Jungfrau, im Süden an die Wasserschlange und den Wolf sowie im Osten an den Skorpion und den Schlangenträger. Das Sternbild Waage ist am Südpol zirkumpolar, nördlich von 60 Grad geografischer Breite dagegen nicht mehr vollständig sichtbar. Mit einer Fläche von 538 Quadratgrad steht es in der nach Größe sortierten Liste der Sternbilder auf Platz 29.

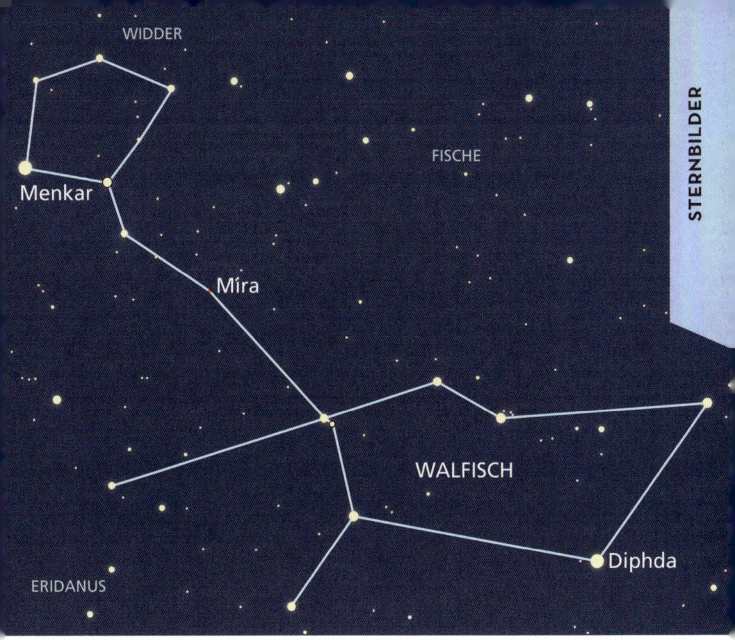

Walfisch

Cetus (Cet)

Beste Sichtbarkeit September – Februar
Hellster Stern β Cet – Diphda (2,0^{m}, 96 Lichtjahre entfernt)
Besonderheit ο Cet (Mira) ist der Prototyp einer Klasse von veränderlichen Sternen, der sogenannten langperiodisch Veränderlichen; bei ihnen handelt es sich um pulsierende Sterne in einem späten Entwicklungsstadium.

→ **TYPISCH Das Sternbild Walfisch kulminiert im Oktober gegen 24 Uhr. Es grenzt im Norden an den Widder und die Fische, im Westen an den Wassermann, im Süden an den Bildhauer und den Chemischen Ofen sowie im Osten an den Eridanus und den Stier. Das äquatornahe Sternbild ist nördlich von 65 Grad und südlich von –80 Grad geografischer Breite nicht mehr vollständig sichtbar. Mit einer Fläche von 1231 Quadratgrad steht es in der nach Größe sortierten Liste der Sternbilder auf Platz 4.**

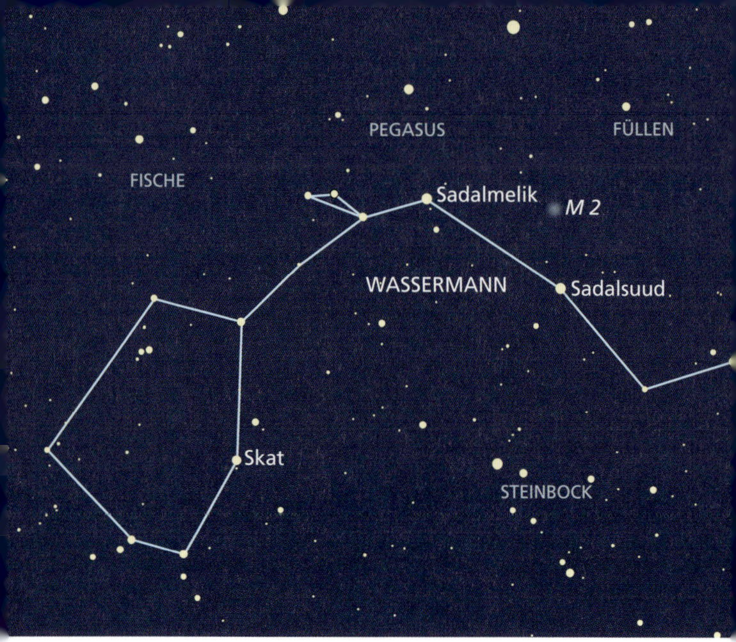

Wassermann

Aquarius (Aqr)

Beste Sichtbarkeit Juli – Dezember
Hellster Stern β Aqr – Sadalsuud ($2{,}9^m$, 612 Lichtjahre entfernt)
Hellster Nebel M 2 – Kugelsternhaufen (7. Größenklasse)
Besonderheit Schon im Zweistromland vor mehr als 4000 Jahren wurde diese Region mit dem Meer in Verbindung gebracht, und die ägyptische Hieroglyphe für Wasser ist identisch mit der für das Sternbild Wassermann.

→ TYPISCH Das Sternbild Wassermann kulminiert im August/September gegen 24 Uhr. Es grenzt im Norden an die Fische, den Pegasus, das Füllen und den Delfin, im Westen an den Adler und den Steinbock, im Süden an den Steinbock, den Südlichen Fisch und den Bildhauer sowie im Osten an den Walfisch. Das äquatornahe Sternbild ist nördlich von 65 Grad und südlich von -87 Grad geografischer Breite nicht vollständig sichtbar. Mit einer Fläche von 980 Quadratgrad steht es in der nach Größe sortierten Liste der Sternbilder auf Platz 10.

Widder

Aries (Ari)

Beste Sichtbarkeit Juli – März
Hellster Stern α Ari – Hamal (2,0^m, 66 Lichtjahre entfernt)
Besonderheit Zur Zeit des antiken Griechenlands überschritt die Sonne im Widder den Himmelsäquator nordwärts; deshalb wird der Frühlingspunkt heute oft noch Widderpunkt genannt, obwohl er längst in den Fischen liegt.

→ TYPISCH Das Sternbild Widder kulminiert im Oktober/November gegen 24 Uhr. Es grenzt im Norden an den Perseus und das Dreieck, im Westen an die Fische, im Süden an den Walfisch sowie im Osten an den Stier. Das Sternbild ist nördlich von 80 Grad geografischer Breite zirkumpolar, jenseits von –60 Grad dagegen nicht mehr vollständig sichtbar. Mit einer Fläche von 441 Quadratgrad steht es in der nach Größe sortierten Liste der Sternbilder auf Platz 39.

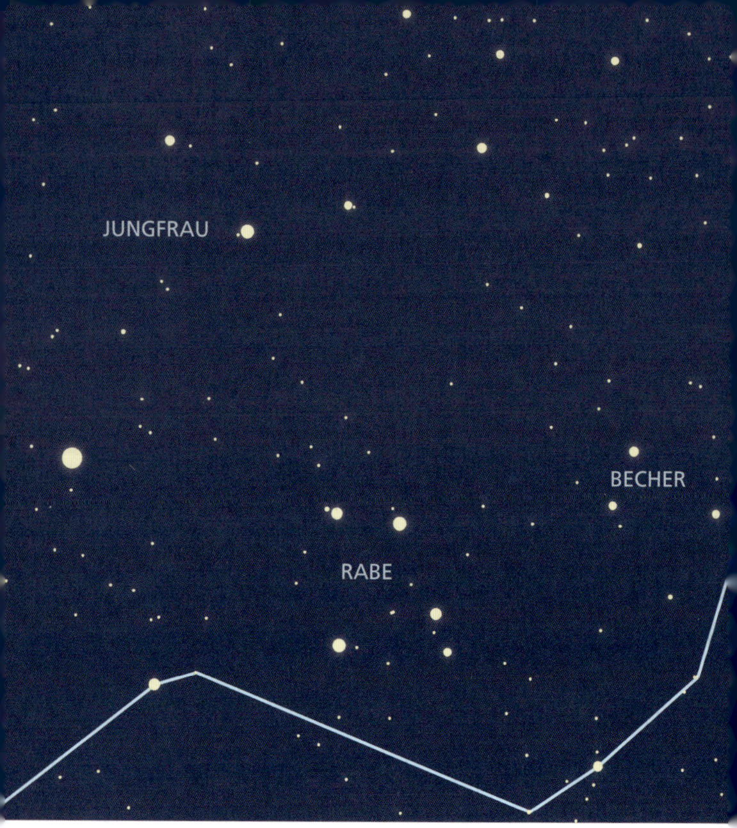

Wasserschlange

Hydra (Hya)

Beste Sichtbarkeit Februar – April
Hellster Stern α Hya – Alphard (2,0 mag, 177 Lichtjahre)
Hellster Nebel M 48 – offener Sternhaufen mit etwa 50 Sternen der 9. bis 13. Größenklasse
Besonderheit Die Wasserschlange erstreckt sich über eine Länge von mehr als 100 Grad in West-Ost-Richtung.

TYPISCH Das Sternbild Wasserschlange kulminiert von Februar bis April gegen 24 Uhr. Es grenzt im Norden an die Waage, die Jungfrau, den Raben, den Becher, den Sextanten, den Löwen und den Krebs, im Westen an das Einhorn und das Hinterdeck, im Süden an den Kompass, die Luftpumpe und den Zentaur sowie im Osten an die Waage. Das Sternbild ist nördlich von 54 Grad und südlich von –83 Grad geografischer Breite nicht vollständig sichtbar. Mit einer Fläche von 1303 Quadratgrad steht es in der nach Größe sortierten Liste der Sternbilder auf Platz 1.

Zwillinge

Gemini (Gem)

Beste Sichtbarkeit Oktober – Mai
Hellster Stern β Gem – Pollux (1,2^{m}, 34 Lichtjahre entfernt)
Besonderheit Bis vor wenigen Jahrzehnten lag der Sommersonnenwendpunkt im Sternbild Zwillinge, doch inzwischen ist er aufgrund der Kreiselbewegung der Erdachse (Präzession) in den Stier gedriftet.

→ TYPISCH Das Sternbild Zwillinge kulminiert im Januar gegen 24 Uhr. Es grenzt im Norden an den Luchs und den Fuhrmann, im Westen an den Stier und den Orion, im Süden an das Einhorn und den Kleinen Hund sowie im Osten an den Krebs. Das Sternbild ist nördlich von 80 Grad geografischer Breite zirkumpolar, jenseits von –55 Grad dagegen nicht mehr vollständig sichtbar. Mit einer Fläche von 514 Quadratgrad steht es in der nach Größe sortierten Liste der Sternbilder auf Platz 30.

Bildnachweis

Alle Sternkarten von Gerhard Weiland, Köln. **Weitere Abbildungen:** S. 2: Gunther Schulz, Fußgönheim; S. 3: Gerhard Weiland, Köln; S. 4: Martin Gertz/Sternwarte Welzheim; S. 5: Mario Weigand; S. 6: NASA/Johns Hopkins University Applied Physics Laboratory/ Carnegie Institution of Washington; S. 7: NASA/JPL-Caltech/Kevin M. Gill; S. 8: NASA, ESA, the Hubble Heritage Team (STScI/AURA), J. Bell (ASU), and M. Wolff (Space Science Institute); S. 9: Mario Weigand; S. 10 und 11: NASA, ESA, A. Simon (Goddard Space Flight Center), and M. H. Wong (University of California, Berkeley) and the OPAL team; S. 12: NASA/JPL; S. 13: NASA/Johns Hopkins University Applied Physics Laboratory/Southwest Research Institute; S. 14: Mario Weigand; S. 15: Deutsches Zentrum für Luft- und Raumfahrt; S. 16: Martin Gertz/Sternwarte Welzheim; S. 17: Stefan Binnewies, Josef Pöpsel; S. 18, 19 und 20: Martin Gertz/Sternwarte Welzheim; S. 21: Stefan und Lucas Binnewies.

Impressum

Umschlaggestaltung von Isabelle Fischer unter Verwendung eines Farbfotos von Mario Weigand.

Mit 18 Farbfotos und 103 Illustrationen.

Unser gesamtes Programm finden Sie unter **kosmos.de**.
Über Neuigkeiten informieren Sie regelmäßig unsere Newsletter, einfach anmelden unter **kosmos.de/newsletter**.

DER NATURFÜHRER No. 1*

* Quelle: Media Control MC Metis, DACH, FY 2025, WG 423-Astronomie, Umsatz

Gedruckt auf chlorfrei gebleichtem Papier

FSC www.fsc.org MIX Papier | Fördert gute Waldnutzung FSC® C110508

ISBN 978-3-440-17359-6
Redaktion: Michael Geymeier, Sven Melchert
Gestaltung und Satz: Barbara Kiesewetter, München
Produktion: Markus Schärtlein
Gestaltungskonzept: GRAMISCI Editorial Design (Claudia Geffert), München
Druck und Bindung: Westermann Druck Zwickau GmbH, Zwickau
Printed in Germany / Imprimé en Allemagne

Himmelsereignisse bis 2034

25. Oktober 2022	Partielle Sonnenfinsternis
8. Dezember 2022	Mond bedeckt Mars
28. Oktober 2023	Partielle Mondfinsternis
1. März 2023	Venus sehr nah bei Jupiter
15. August 2024	Mars nah bei Jupiter
18. September 2024	Partielle Mondfinsternis
Januar 2025	Mond bei Venus und Saturn
14. März 2025	Partielle Mondfinsternis
29. März 2025	Partielle Sonnenfinsternis
7. September 2025	Totale Mondfinsternis
16./17. Juni 2026	Mond bei Venus, Jupiter und Merkur
5./6. Oktober 2026	Mond bei Mars und Jupiter
12. August 2026	Partielle Sonnenfinsternis (in Nordspanien total)
21. Februar 2027	Halbschatten-Mondfinsternis
2. August 2027	Partielle Sonnenfinsternis (in Südspanien total)
12. Januar 2028	Partielle Mondfinsternis
26. Januar 2028	Ringförmige Sonnenfinsternis
31. Dezember 2028	Totale Mondfinsternis
26. Juni 2029	Totale Mondfinsternis
20. Dezember 2029	Totale Mondfinsternis
1. Juni 2030	Partielle Sonnenfinsternis (in Afrika und Asien ringförmig)
15. Juni 2030	Partielle Mondfinsternis
18. Oktober 2032	Totale Mondfinsternis
14. April 2033	Totale Mondfinsternis
20. März 2034	Partielle Sonnenfinsternis (in Afrika total)
28. September 2034	Partielle Mondfinsternis